植物たちに心はあるのか

田中 修

SB新書
688

はじめに

遠い昔から、私たちは、植物たちを愛《め》で、絵画に描き、童謡に口ずさみ、詩歌に詠《よ》んで、植物たちと心を寄り添わせて生きてきました。植物たちは、存在するだけで、私たちの心を癒やし、励まし、勇気づけてくれるのです。

私たちは、幸せな出来事があれば、花を飾って共に喜びを分かちあいます。そのようなとき、植物たちは、言葉を発することはありませんが、色や香りで、私たちの心を高揚させてくれます。また、植物たちは、私たちが苦しいときや悲しいときには、やさしい色や漂う香りで心を和らげてくれます。

一方、私たちが、植物たちの心をもっと積極的に感じ、思いを託していることも、多くあります。たとえば、「誕生花」とよばれる花や植物たちに、感謝や幸せを願う気持ちを込めて、誕生日を祝います。

また、「花言葉」をもつ花や植物たちに、ほんとうに通じるか通じないかは別にして、私たちの気持ちを伝えてもらうこともあります。たとえば、「セプテンバー・バレンタイン」といわれる、九月一四日は、女性から別れを切り出してもいいといわれる日ですが、逆に、お互いの愛を確認する日であり、コスモスの赤い花に、パートナーへの感謝の気持ちを託します。

お正月には、「門松」として、年神様が降りて来られるのを〝待つ〟という気持ちを込めて、家の玄関にマツを飾ります。七月七日の「七夕の日」には、ぐんぐんと屈することなくまっすぐ上に伸びるササやタケに、私たちの願いが天に届くようにと、短冊に書いた願いを預けます。

神社の境内に祀られる「御神木」には、敬う心と、崇《あが》める気持ちを込めて、手を合わせることもあります。クリスマスには、寒い冬に緑に輝き続けるので「永遠の命」の象徴とされるモミの木をツリーとして飾り、キリストさまの誕生を祝います。

建物の〝鬼門〟とよばれる場所には、「難《ナン》を転《テン》じる」と洒落《しゃれ》て、ナンテンを植えます。さらに、ナンテンには「ン」が二個もつくことから、「ン（運）」がつくことも望まれます。

このように、植物たちに私たちの心や思い、気持ちを託す例は、枚挙にいとまがありません。ということは、私たちが、身近な植物たちに心があるかのように感じることが多くあるということです。ですから、私たちは、「植物たちに心がある」と感じていることになります。

一方、本書のタイトルは、『植物たちに心はあるのか』です。「植物たちに心があると感じる」ことを超えて、「植物たちに心はあるのか」と考えるのは、あまりに大きな隔たりがあります。

そのため、本書の編集者から、このタイトルで、執筆の依頼を受けたときは、躊躇《ちゅうちょ》しました。しかし、そのあと、「植物たちに心があるのかどうかはさておき、植物に『人間の心に類するようなもの』があるのかを考えるヒントになる事例を紹介し解説する」という、内容についての提案をいただきました。

また、植物たちに心や心意気、気持ちを感じられれば、「人は、そこから何かを学ぶことができ、より良い人生や生き方につながるのではないでしょうか」との編集者の企画の意図に励まされ、背中を押されました。

私の専門は「植物生理学」というもので、「植物の生き方」を対象とする分野です。そして、私は、「植物たちは生き方の極意を知っており、たくましく命を守って生きているということを、多くの人に知ってほしい」と思っています。

そのため、植物たちに心や心意気、気持ちを感じる事例を紹介する機会をいただくことは嬉しいことです。もし、それが読者のより良い人生や生き方につながるのなら、望外の喜びになります。そこで、執筆をお引き受けしました。

それゆえ、本書では、「植物たちに心はあるのか」と考えつつ、身近な植物たちが、私たちに見せる反応や現象を取り上げ、植物たちの懸命な生き方を紹介します。そこから、何かを学び、より良い人生や生き方につなげてくださるかは、読者にお任せするしかありませんが、少しでも、そうなってほしいと思います。

本書のタイトルが『植物たちに心はあるのか』であることを知った植物たちから、「私たちの心をテーマにするのなら、私たちの思いを込めた生き方や、生きるしくみをよく紹介してくださいよ」という声が聞こえてきそうです。

この植物たちの声に応えて、植物たちの生き方や、その裏に潜む、植物たちの思いや気持ち、心意気などの推察を交えて、植物たちの生き方を支える巧みな性質やしくみを紹介します。

私が植物たちの思いや気持ちなどとして、本書で紹介するものは、植物たちにとっては

「そうではないよ」と思われるものかもしれません。そのようなことも含めて、植物たちの心に思いをめぐらし、興味をもって、本書をお読みいただけたら、植物たちはきっと喜んでくれるでしょう。

二〇二五年三月

田中　修

目次

第一章

植物たちの生き方に心を感じる

（一）植物たちは、「動きまわりたい」と思っているのか？

植物たちは、食べものを食べたくないのか？

「なぜ、植物は、動きまわれるように進化しなかったのですか」と聞かれることがあります。でも、もし植物たちが、自分たちについて、このような疑問をもたれていると知ったなら、たいへん残念な思いをするでしょう。

たしかに、毎日の生活で、動物が動きまわるのに対し、植物たちは動きまわりません。また、植物たちは、発芽した場所から動きまわることなく、生涯を終えます。そのため、私たちは、「動物は動きまわることができるけれども、植物は動きまわることができない」と表現することもあります。

「なぜ、植物は、動きまわれるように進化しなかったのですか」との疑問や「植物は動きまわることができない」との表現の裏には、「動きまわれる動物が、動きまわれない植物より、すぐれた生きものである」という意識があるように思われます。

でも、植物たちは、「動物のように、動きまわりたい」と思っているのでしょうか。もし、ほんとうに、そのように思っているのに、動きまわることができないのなら、植物たちは、かわいそうな生きものということになります。

しかし、植物たちが自分の気持ちを語ることができたら、「植物たちが『動きまわりたい』と思っているというのは、とんでもない誤解です。私たちは、『動きまわりたい』と思っていません」と言うでしょう。

それどころか、植物たちは、「『動きまわることができない』のではなく、『動きまわる必要がない』のです」と言うはずです。植物たちがそのように言えば、間違いなく、反論があるでしょう。

「植物たちは、もともと手も足もなく、根を土の中に生やしており、実際に動きまわろうとしても、動きまわることはできない。だから、『動きまわる必要がない』というのは、動きまわることができない植物たちの側に立った負け惜しみだ」というものです。

ところが、「ほんとうに植物たちが『動きまわる必要がない』のか、あるいは、『動きまわることができない』のか」は、意外とわかりやすく吟味し、検証することができます。なぜなら、動物は意味もなくウロウロと動きまわるのではないからです。

「なぜ、動物が動きまわるのか」と理由を考え、そのそれぞれの局面で、「植物たちは、どうしているか」を考えてみてください。そうすれば、「動きまわることができないために、植物たちは、不自由な生活を強いられている」のか、あるいは、「植物たちは、ほんとうに動きまわる必要がない」のかが見えてきます。ですから、まず、動物がウロウロと動きまわる理由を考えましょう。

動物が動きまわるもっとも大切な理由の一つは、「自分が生きるために、食べものを得るため」です。日々の生命活動を営んで、命を保ち、成長していくためには、栄養とエネルギーが必要です。

そのため、私たち人間を含め、動物は食べものを食べることで、命を保ち、成長するための栄養とエネルギーを得ています。植物たちも動物と同じように、生命活動を行い、成長していくには、栄養とエネルギーが必要です。

しかし、植物たちは、食べものを食べる姿を見せません。植物たちが食べる姿を見ることのない昔の人は、「なぜ、植物は何も食べずにすくすく育つのだろう」と不思議に思っていました。古代ギリシャのアリストテレスは、「植物たちは、土の中に隠れた根で、食べものを食べている」と説明しました。

一七世紀の半ばには、ベルギーの医師、ファン・ヘルモントが、「植物は、根で何を食べているのか」を知ろうと、詳しく調べました。でも、水を吸収して育っているということ以外には、何を食べているかは見つかりませんでした。

見つかるはずはないのです。植物は、私たちが食べているようなものを食べていないからです。植物が食べものを求めて動きまわらないのは、植物たちは、葉っぱで自分の食べものをつくることができるからなのです。

植物たちが食べものを食べる姿を見せないために、「植物たちは、食べものを食べたくないのか」との疑問を抱かれることがあります。しかし、これは、まったく的外れのものです。植物たちが食べものを食べる姿を見せないのも、植物たちが食べものを求めて動きまわらないのも、植物たちは、葉っぱで自分の食べものをつくることができるからなのです。

「自分の食べものは、人の世話になりたくない」という思い

植物たちは、根から吸った〝水〟と、葉っぱが吸収する〝二酸化炭素〟を材料にして、太陽の〝光〟を使って、自分の力で、食べものをつくります。この反応は、「光合成」と

いわれます。この反応により、植物たちは、生命活動を行い、成長していくためのエネルギーのもとになるデンプンをつくりだしているのです。

デンプンは、私たち人間が主食としている、お米、コムギ、トウモロコシの主な成分です。植物たちは、それを自分でつくるのですから、食べものを食べる必要はありません。また、食べものを探し求めてウロウロと動きまわる必要がありません。

植物たちには、「自分の食べものは、人の世話になりたくない」という思いがあるのでしょう。そして、実際に、食べものを自分でつくりだす力があるのです。だからこそ、芽生えた場所から、移動することなく、生涯を過ごすことができるのです。

植物たちは、食べものを探し求めて動きまわる動物を見て、「動きまわらなければ食べものにありつけない、かわいそうな生き物だ」と思っているかもしれません。大げさに言えば、植物たちは、動物を憐《あわ》れんでいるということになります。

植物たちは、自分たちの食べものをつくるだけではありません。私たちが毎日食べるお米や、野菜、くだものなどは、植物が光合成でつくるものです。もちろん、私たちはお肉も食べますが、「そのお肉が、どのようにしてできたのか」をたどっていくと、植物たちが光合成でつくったものに行きつきます。

私たち人間だけではありません。地球上のすべての動物は、植物たちが光合成でつくるものを食べて生きています。植物たちは、地球上のすべての動物の食糧を賄《まかな》っているのです。

光合成に必要な、水や二酸化炭素、太陽の光は、地球上にいくらでもあります。そして、とくにお金はかからず、安全なものばかりです。もし私たちが、工場に機械を並べて光合成をすることができれば、世界中の人々が食べものの不足に悩むことはないでしょう。

私たち人間の科学は、すごく進歩しています。だから、「小さな葉っぱがすることぐらい、真似できる」と思われがちです。ところが、私たちは、光合成を真似することはできません。私たち人間の科学は、たった一枚の小さな葉っぱにも及んでいないのです。

植物たちも、そんなに簡単に、光合成をしているわけではありません。光合成をするためには、その材料として、水と二酸化炭素が必要です。そして、反応のエネルギーとして、光が必要です。

植物たちは、動きまわることなく、自給自足で、これらを調達して、やり遂げなければなりません。そのための、植物たちの思いと努力は、生半可《なまはんか》なものではないでしょう。「自分の食べものは、自分でつくる」という強い思いをもっていなければなりません。

植物たちは、光合成に必要な光を受けようとして、背丈を伸ばし、葉っぱの向きを変えます。また、光合成に必要な水を集めるために、根を伸ばし、水を葉っぱに運びます。空気中に存在する二酸化炭素を葉っぱに吸収しなければなりません。

植物たちは、「自分の食べものは、人の世話になりたくない」という強い気持ちで、その思いを遂げるための努力をしているのです。次の項から、その努力を見ていきましょう。

（二）植物たちは、「光を欲しい」と思っているのか？

上に向かって伸びるモヤシの思いとは？

タネが発芽すると、芽生えは、上に向かって伸びます。下に向かって伸びる芽生えはありません。「なぜ、芽生えは、上に伸びるのか」との疑問が浮かびます。これに対し、「光は上から来るので、芽生えは、光があるほうに向かって伸びるから」という答えがありまず。芽生えには、光がある方向に向かって伸びる性質があるので、これは、誤りではありません。

でも、上に光がなくても、芽生えは上に伸びます。その象徴的な例が、モヤシです。モヤシは、土のない真っ暗な容器の中で、ダイズなどのマメ科の植物のタネに水が与えられて、発芽したものです。光がない中で成長している芽生えの姿が、モヤシなのです。

モヤシは、真っ暗な中で、育っているので、光の方に向かって伸びているのではありません。モヤシは、光を探し求めて伸びているのです。私たちは、モヤシを「色白で長身で、力がなさそうにヒョロヒョロと伸びている」と形容し、ヒョロヒョロと背の高い細身の子どもを「モヤシっ子」と表現することがあります。

このとき、「モヤシ」は、「ひ弱さ」を象徴する語として使われます。しかし、モヤシは、「ひ弱さ」の象徴にふさわしくありません。モヤシは、栽培される真っ暗な容器の中で発芽し、「なんとか光の当たっているところに出よう」と思って、光を探し求めて、一生懸命に伸びているのです。

もしモヤシが、「私たち人間が、モヤシを『ひ弱さ』を象徴するものだと思っている」と知ったなら、「モヤシは、暗黒の中で懸命に生きのびようとする、けなげでたくましい姿なのですよ」という、真面目なつぶやきが返ってきそうです。

モヤシは光を求めているので、「モヤシに光を当てると、もっと伸びる」と思われることがあります。しかし、それはとんでもない勘違いで、光が当たると、モヤシの伸長は止まってしまいます。もう伸びる必要がないからです。

モヤシは、真っ暗な容器の中で、「なんとか光の当たっているところに出よう」と思って、太陽の光を探し求めて、伸びているのです。小さなタネに貯蔵されているだけのわずかな栄養分を使って、できるだけすみやかに光の当たる地上に出て、光合成のできる形態をつくろうとしています。真っ暗な中で、「太陽は上にある」と信じ、けなげに背丈を上に伸ばして、光を探し求めて伸び続ける芽生えの姿がモヤシなのです。

「光が当たると、モヤシの伸長は止まってしまいます」というけれども、「それなら、モヤシは、真っ暗な中にいるか、光が当たっているかを見分けていることになるが、モヤシに、そのような視覚があるのか」との疑問が浮上します。

モヤシだけではなく、植物たちは、自分に光が当たっているかいないかを見きわめて、背丈の伸びを調節しています。そのために、植物たちがからだにもっているのが、「フィトクロム」という物質です。

この物質は、からだの中でつくられた状態では、背丈が伸びるのにブレーキをかけません。ところが、赤い色の光が当たると、状態が変化して、背丈が伸びるのにブレーキをかける働きをするのです。

太陽の光や電灯の光には、赤い色の光が含まれていますから、これらの光が当たると、背丈が伸びるのにブレーキがかかるのです。これらの光が当たらなければ、フィトクロムは背丈が伸びるのにブレーキをかけません。そのため、真っ暗な中では、栄養さえあれば、植物の背丈はどんどん伸びるのです。

「植物たちは、光を求めて伸びている」と、いかにも植物にその思いがあるように表現するけれども、「からだの中にフィトクロムという物質が存在し、その物質の働きに支配されているだけではないか」との冷めた見方があるかもしれません。

でも、植物たちは、この物質をもっているからこそ、光合成に必要な光を求めて伸びるという性質があるのです。この物質は、植物たちが、「光合成をするための光が欲しい」との思いを遂げるためにもっている物質なのです。

葉っぱが向きを変える思いとは？

光のよく当たる場所で栽培していた鉢植えの植物を室内に移動させて、日当たりの良い窓辺に置きます。数日が経過すると、植物たちの茎の先端は、光の入ってくる明るい窓のほうに向かって、曲がって伸びていきます。葉っぱの表面は、明るい光を受けられるように、光のくるほうを向いて傾いています。

植物たちの茎の先端は、葉っぱが光を多く受け取れるように、光のくる方向に向かって曲がって伸びる性質があるのです。この性質は、真っ暗な箱の中に鉢植えの植物を置き、箱の側面に小さな穴を開け、そこから光を入れる実験をしてみると、もっとよくわかります。箱の中の芽生えの茎の先端は、光のくる穴の方向に向かって曲がって伸びます。

そこで、「なぜ、葉っぱは、光の方を向くのか」との疑問がおこります。この答えは、植物たちは、たくさんの光を受け取ろうとしているのです。なぜなら、植物たちは、生命を維持し成長をするための栄養をつくるために、光合成をしています。それには、太陽の光のエネルギーが必要です。ですから、植物たちには、太陽の光を求めて、葉っぱが光の方を向く性質があるのです。

室内や真っ暗な箱の中に置かれた植物たちが、茎の先端を光のくる方向に向けるのは、その茎の下についている葉っぱの表面を光に垂直に向けるためです。葉っぱの表面を光のくる方向に垂直に向けるのは、植物たちが多くの光を必要とするときです。

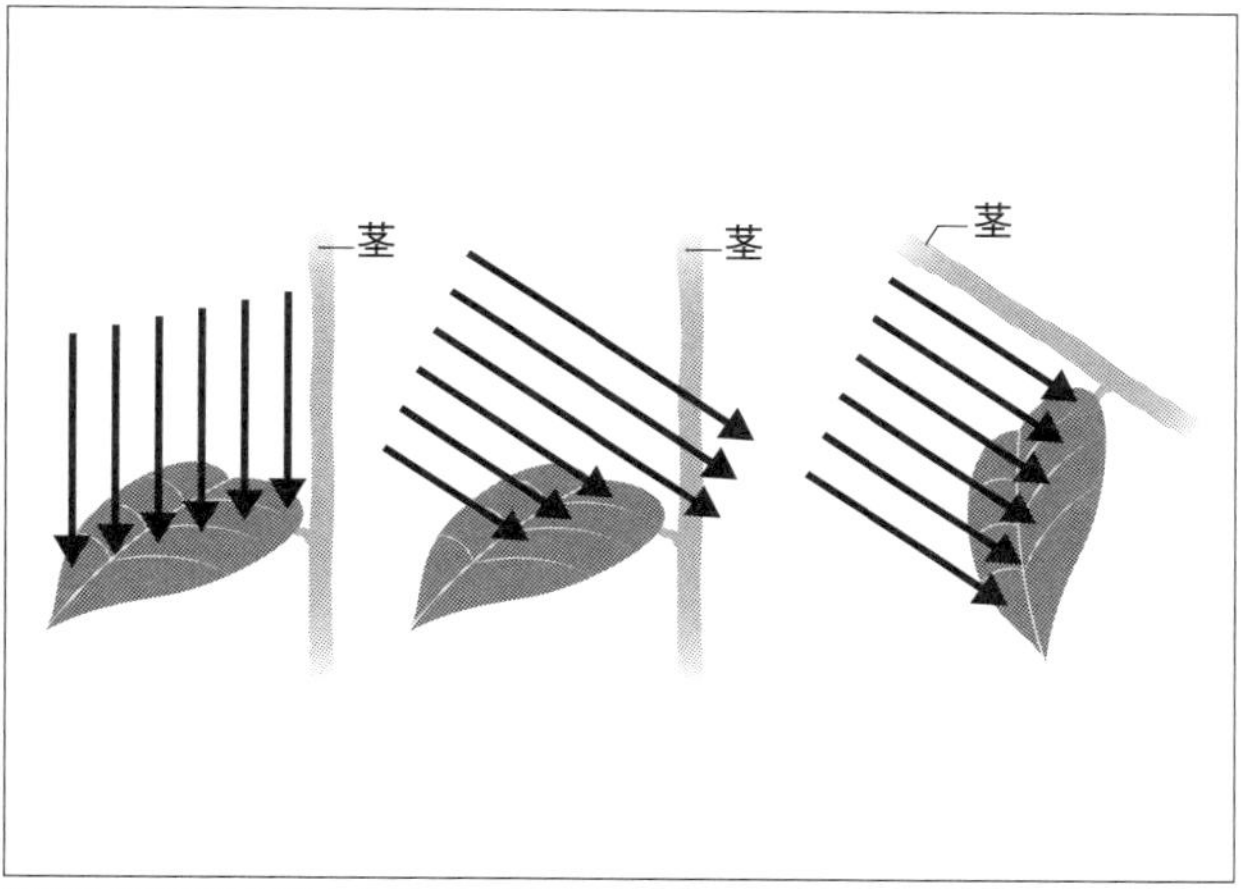

葉を光に垂直に向けると多くの光を受けられる

光が当たっている一枚の葉っぱを見ると、光が真上から当たっていても、斜めから当たっていても、葉っぱの全面に当たっています。では、「どうして、葉っぱが光に垂直に向くと、葉っぱの表面に多くの光を受けることになるのか」という疑問があります。

一定量の光が、垂直方向に真上から葉っぱの表面に照射してきた場合と、斜めの角度から照射してきた場合を比較して考えてみてください。

光が真上から葉っぱの表面に当たった場合、一定の面積で、多くの光を受け取ります。一方、光が斜めの角度から照射してきた場合、一定の面積で受け取る光の量は少なくなるのです。そのため、光が真上からくるときのほうが、斜めからの場合に比べて、同じ面積の葉っぱでも多くの光を受け取れることになります。

つまり、茎の先端を光に向けると、その下にある葉っぱの表面には、光が垂直に当たるようになり、一定の面積で多くの光を受け取ることができるのです。もし茎の先端を光に向けなければ、光は葉っぱの表面に斜めに当たり、一定の面積で受け取る光の量は少なくなります。

植物たちは、光が必要なとき、茎の先端を光のくる方向に向けることにより、葉っぱが光に垂直に向かい、多くの光を受け取れることを知っているのです。ですから、植物たちが葉っぱを光のくる方向に向けるのは、当たる光が不足しているとき、多くの光を受け取りたいとの思いをかなえるための反応なのです。

私たちも、植物たちも、必要なものが不足すれば、補わなければなりません。そのようなとき、植物たちは、自分の知恵と努力で解決しようとするのです。「光が足りない」という不満を、茎の先端を少し曲げるだけで解消するのです。

「植物は、えらい！」「植物は、かしこい！」と感嘆せずにはいられません。植物たちが何も考えないで、こんな巧妙な生き方をしているとは思えないような性質です。

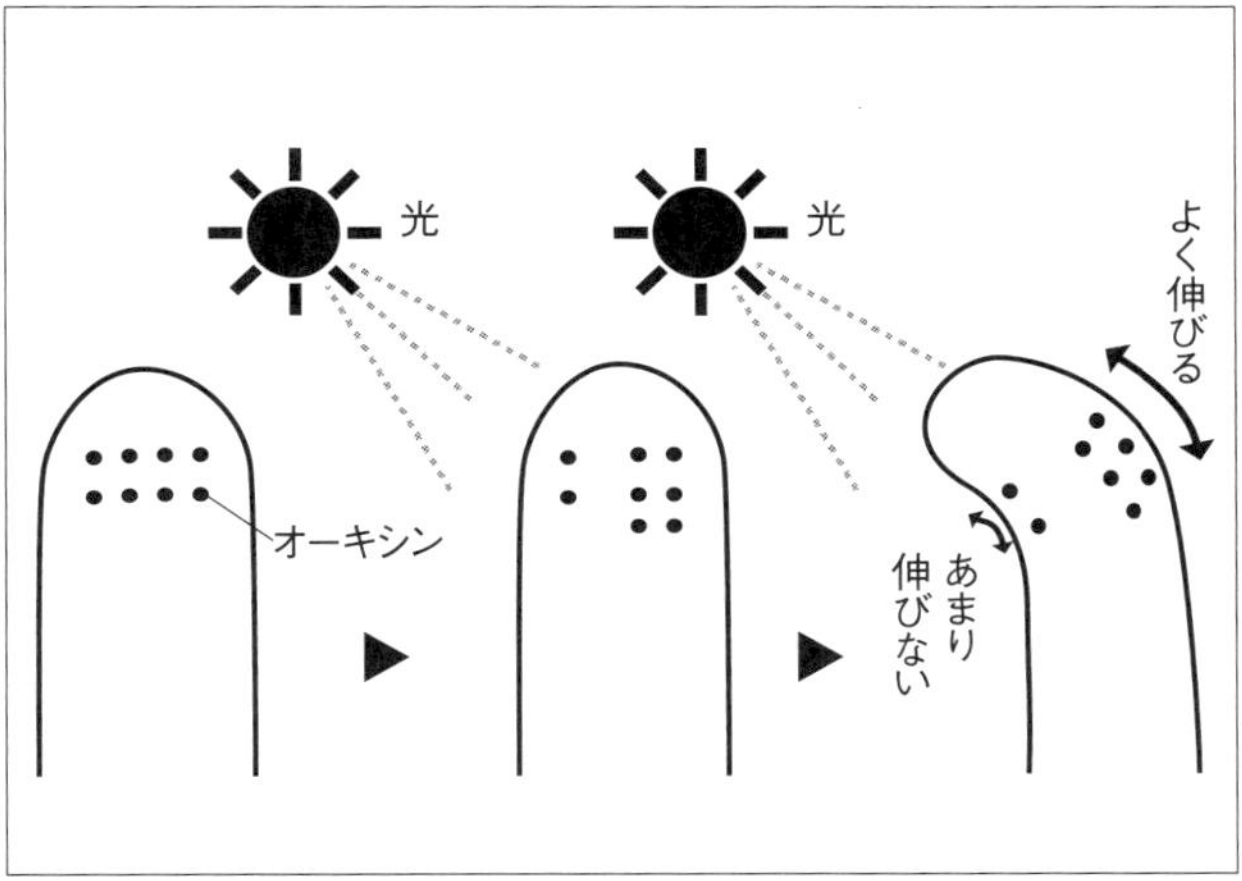

オーキシンが、陰の側に移動する

植物が与えられる刺激に対して運動をおこすとき、その運動の方向が刺激の方向に支配される性質は、「屈性」とよばれます。茎が光のくる方向に曲がるという、茎の性質は「屈性」です。

そして、光が刺激なので、以前は、「屈光性」とよばれていました。しかし、近年は、屈性の刺激になるものを「屈性」という語の前に示すように統一されました。そのため、光が刺激になっている場合は、「屈光性」ではなく、「光屈性」といわれます。

いかにも、植物たちに「光を欲しい」との思いがあり、そのための現象に見えます。ところが、私たちは、この現象を次のように説明します。

植物は「オーキシン」という物質をもっており、これは、茎を伸ばす働きがあります。光が片方からくると、茎には光を受ける側と陰になる側ができます。すると、茎を伸ばす物質であるオーキシンが、光の当たる側から陰の側へ移動します。そのため、オーキシンの量が光の当たる側で少なく、陰の側で多くなります。

その結果、オーキシンが多くなった陰の側はよく伸び、オーキシンの少ない光の当たる側はあまり伸びません。陰の側がよく伸び、光の当たる側があまり伸びなければ、茎は光のくる方向へ曲がることになるのです。

植物たちが光を求める反応は、オーキシンという物質の存在と働きで説明できるのです。そして、私たちは、「光屈性」のしくみは、オーキシンの作用として理解しています。

植物たちは、「そんな無味乾燥なしくみで説明するけれども、オーキシンという物質は、私たちが光を多く受け取るという自分の思いを遂げるためにつくり出した物質だとしたら、私たちに心があると思われますか」と、ほくそえんでいるかもしれません。

（三）植物たちは、「水を欲しい」と思っているのか？

土の中を伸びる根の思いは？

タネが発芽すると、根は必ず下に向かって伸びます。芽の代わりに、地上に、根が出てくることはありません。「なぜ、根は下に向かって伸びるのか」との疑問がおこります。

根が下に向かって伸びるのは、「根には、光を避ける方向に伸びる性質があるから」といわれることがあります。たしかに、根は光のくる方向と反対の方向に伸びます。これは、茎が光に向かって伸びる「光屈性」という性質に対して、逆の性質です。

そこで、光に向かって伸びる性質は「正の光屈性」といわれ、光を避ける方向に伸びる性質は「負の光屈性」とよばれます。ふつうには、「正の光屈性」の場合には、わざわざ、「正」をつけることはありません。

根が下に向かって伸びる理由の一つは、「負の光屈性」という性質によるものです。しかし、光のない真っ暗な中でも根は下へ伸びます。ですから、根が下へ伸びるのは、「負の光屈性」という性質によるものだけではありません。

根には、「重力を感じ、その方向に伸びる」という性質があるのです。たとえば、光のない真っ暗な中でも、発芽した芽生えを土中から抜き取り、水平に横たえておくと、根の先端はやがて下向きに曲がり、下に向かって伸びだします。

これは、根の重力に対する反応なので、「重力屈性」とよばれます。ですから、根が下に向かって伸びる理由のもう一つは、「重力屈性」という性質によるものです。結局、根が下に向かって伸びるという現象は、「負の光屈性」と「重力屈性」が支配しているということになります。

しかし、「根が下に向かって伸びるのは、水を求めて伸びているのではないのか」という素朴な疑問があります。それなら、「根は、水分が刺激となる『水分屈性』という性質があり、その性質で、水分を求めて下に伸びるのではないか」という思いが浮かびます。

畑や花壇の土は、表面近くが乾燥していても、地中深くでは、水分を含んでいます。その水分を求めて、「根は下に向かって伸びていくのではないか」と考えられるのです。

ところが、地球上には重力があり、根には重力屈性という性質があります。ですから、根が水分屈性で下に伸びていることは、重力屈性で下に伸びていることと切り離して証明しにくいのです。

そのため、水分屈性という性質が「根が下に向かって伸びていく」ことに関与していることは、これまではっきりといわれてきませんでした。しかし、近年は、主に、次の三つのことから、はっきりと認められています。

一つ目は、根が水のある方向に向かって伸びる現象です。これは、多くの人に何となく感じられてきたものです。たとえば、土の中の配水管などの割れ目から水が漏れていると、割れ目に向かって多くの根が伸びる現象が観察されています。

二つ目は、突然変異で、重力を感じなくなったシロイヌナズナという植物が生まれたことです。この植物の根は、重力を感じることはありません。しかし、その根は下に伸びます。それは、根が土中深くに多くある水を求めて下に伸びるのです。

三つ目は、宇宙ステーションで行われた、植物の栽培実験です。重力のない宇宙ステーションの中で、シロイヌナズナをはじめ、レタスやヒャクニチソウなどのタネは発芽し、根は下に伸びたのです。このとき、発芽した芽生えの下には、水を含んだロックウールが置かれていました。

ロックウールというのは、岩石を加工して、水を含むようにしたものです。根は、無重力の中に置かれた水を含んだロックウールの中に、水を求めて伸びたのです。地球上では、重力があるために見えにくい「水分屈性」という性質が、無重力の宇宙で、はっきりと示されたのです。

タネが発芽すると、根は必ず下に向かって伸びます。土の中を伸びる根の思いとは、光を避けていることも、重力の方向に向かっていることもあるでしょうが、結局は、「水を欲しい」ということです。水には、成長に必要な養分も含まれていますから、それらを吸収するために、水を求めて伸びているのです。

根に精神があるのか？

「根で吸収された水が、どのようにして、茎や幹の先端にある葉っぱに運ばれるのか」という疑問があります。光合成のためには、葉っぱに水を運ぶことが必要です。その水は、根から運ばれてきます。だから、このような疑問があっても、不思議ではありません。その水の流れは、次のように説明されます。

土の中に伸びている根が、水を吸収して、上に押し上げます。根と葉っぱは、茎の中にある、目に見えないほど細い、「道管」という管でつながっています。葉っぱは、根が押

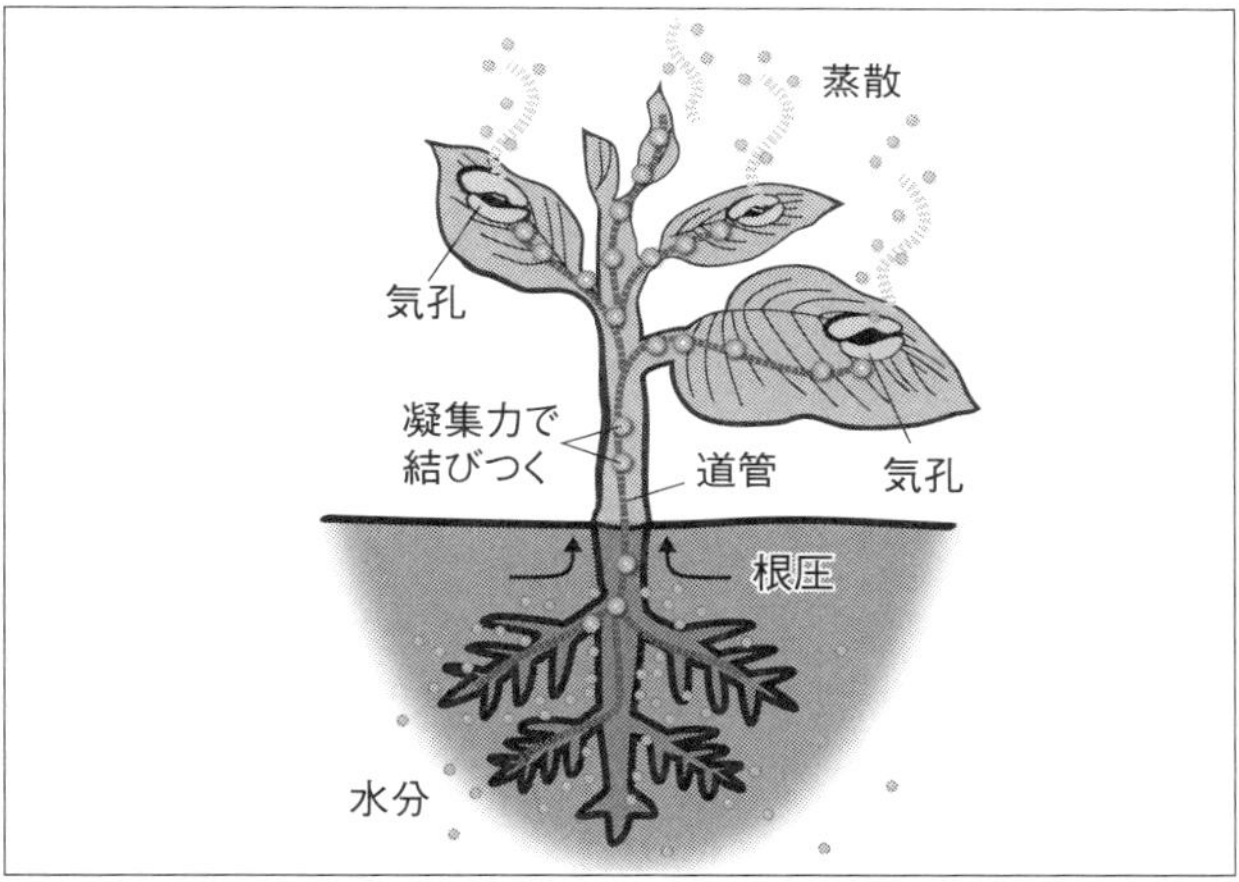

樹木の先端に水が運ばれるしくみ

し上げる水を、上へと吸い上げます。

根が水を上に押し上げる力は、「根圧」です。茎や幹を切断してしばらくすると、切り口に少しの液がにじみ出てくることがあります。茎や幹を切っただけで、切断面に液がにじみ上がってくるのは、根が茎の中の液を押し上げているからです。これが、「根圧」という力です。

しかし、この力だけでは、背の高い植物はもちろんのこと、背丈の低い植物でも、水は先端の葉っぱにまで届きません。そこで、葉っぱが水を水蒸気として空気中に放出します。この作用は、「蒸散」といわれます。これは、葉っぱが水を引き上げる力となります。

葉っぱから蒸散する水は、根から吸収され、茎の中にある細い「道管」を通って葉っぱに運ばれてきます。道管には、水が途切れなく満ちていて、水同士は強い力で結びつき、つながっているのです。水同士を結びつけてつながらせている力は、「凝集力《ぎょうしゅうりょく》」といわれます。

茎の道管の下は根につながっており、上は葉っぱにある小さな「気孔《きこう》」という孔《あな》につながっています。水は、この気孔から、空気中に蒸散していきます。茎の中で、水は凝集力で強く結びついています。そのため、水が蒸散で空気中に出ていくと、出ていく水に引っ張られて、下の水は上のほうに引き上げられます。ですから、先端の葉っぱから水が蒸散すれば、下から水が上ってくることになります。

これが、植物の高いところまで水が供給されるしくみです。私たち人間なら、ポンプを使って引き上げたり、押し上げたりしなければならない高さまで水を運ぶしくみを、植物たちはもっているのです。私たちは、「植物たちは、えらい!」と感服せざるを得ません。

植物たちは、地球の陸上に暮らしはじめて、約四億七〇〇〇万年を生き抜いてきています。植物たちのこのような巧みなしくみを知ると、約四億七〇〇〇万年も前から、陸上で生き続けてきたという歴史の重さを感じます。

「植物たちは、吸収する水を求めて、どれくらいの根を張りめぐらすのか」との疑問をもたれることがあります。この疑問に対する答えは、『ヒマワリはなぜ東を向くか』（瀧本敦《たきもとあつし》著　中公新書）に、記されています。

その内容は、アメリカ、アイオワ州立大学のディットマー氏（H. J. Dittmer）が、三〇センチメートル四方、深さ五六センチメートルの植木鉢に一本のライムギを植えて四カ月間育てたのち、その中にはびこっている根を一本一本ていねいに測定した結果でした。

それによると、その全長は約六二〇キロメートルになり、これに根の表面に生えている、多数の小さな毛（根毛）の長さを加えると、全長は実に約一万一二〇〇キロメートルにも達したのです。

著者の瀧本敦氏により、「六二〇キロメートルとは東京から兵庫県の西明石の先までの距離、一万一二〇〇キロメートルとはシベリア鉄道よりもはるかに長く、地球の三分の一周に近い長さである」と紹介されています。

ここに記されている数字はとてつもなく大きいために、どのように正確に測定されたのかが気になります。しかし、根の合計の長さが想像を超えたものであることはよくわかります。

根は、水を探し求めて、土の中を深く伸びます。土の表面は乾燥していても、地面の下に深くなればなるほど水分があります。そのため、植物たちはその水分を求めて、長く根を伸ばすのです。

同じ種類の植物が湿った土で育った場合と、乾燥した土で育った場合の成長を比較すると、地上部では、湿った土のほうが乾燥した土の場合よりも、成長は、はるかに上まわります。そのため、隠れて見えない地下部の根の成長も、湿った土のほうが乾燥した土の場合よりも、良いように思われます。

ところが、根の成長はそうではありません。乾燥した土に育った根は、湿った土で育った根に比べて、ずっときめ細かく広く張りめぐらされています。乾燥した土地で育つ植物の根は、水が少ないという逆境の中で、水を求めてたくましく伸びるものなのです。

水を探し求めるように、また、少しでもある水をくまなく吸収できるように、根はきめ細かく深くにまで張りめぐらせるのです。根の「根性」を感じさせるような伸び方です。

私たちは、植物の根を強く張りめぐらせたいときに、この性質を利用します。たとえば、「ゴルフ場の芝生の根を強く張りめぐらせるには、毎日、水をやってはいけない。四、五日に一回、水をたっぷりやるのが良い」といわれます。

水をたっぷりとやったあとに二、三日間、水を与えなければ、芝生は、水を欲しがり、水を探し求めて、懸命に根を伸ばします。水をやらずに、土を乾燥させ、芝生がもう枯れそうに思われる四、五日目のギリギリのところで、たっぷりの水を与えます。水をもらった芝生は、元気を取り戻します。元気を取り戻した芝生は、また水をもらえません。

芝生には「水が足りなければ、水を求めて根を伸ばす」という性質があり、それが刺激されると、水を求めて根はさらに伸長します。これを繰り返せば、芝生は、たくさんの強い根を、精いっぱいに伸ばすのです。

これは、いかにも、「植物には『ハングリー精神』があり、それが刺激されて、根を伸ばす」と感じられるような現象です。このようにいうと「植物に、『精神』があるのか」との疑問をもつ人もいます。

精神は、目には見えない、心で感じられるものです。ですから、植物たちの生き方から、植物たちにも『精神』があると感じることに、目くじらを立てることはないでしょう。

金鉱脈を探していないよ！

「樹木の根は、どのくらい深くまで伸びているのか」という興味がもたれます。何年間も成長している樹木は、根を横に広げるだけでなく、深くに伸びています。しかし、土を掘りおこして、根がどこまで伸びているかを調べるのは容易ではありません。また、樹木の年齢や、育っている場所により、大きく異なることが予想されます。

そのため、樹木の根が、何メートルの深さにまで伸びているという実測された値は、あまり目や耳にされません。一般的に、「大きな樹木の根は、数十メートルの深さにまで伸びている」などと推測されています。

二〇一三年、オーストラリアに多く分布し、コアラがその葉っぱを好んで食べることで知られるユーカリが、「金を含むユーカリ」として話題になりました。同時に、この木の根が、地下四〇メートル以上の深さにまで伸びていることを示す報道がなされました。

きっかけは、ユーカリの葉っぱや樹皮に金が見いだされたことでした。その金は、風などで運ばれてきた金粉が付着したものなのか、この木が生えている土地の深くに金鉱脈があって、根がそこから吸収したものかが不明でした。

そこで、ユーカリの葉っぱに見いだされた金が、顕微鏡で詳細に調べられました。その結果、葉っぱに含まれる金は、その木の地下三五〜四〇メートルの深さにある金鉱脈に存在するものと、同じ金の粒子であることが確認されました。

ということは、ユーカリの根が、地下三五〜四〇メートルの深さにまで伸び、金を含む鉱脈から、金を吸収し、葉っぱや樹皮の中に蓄積していることになります。「根は、金鉱脈に当たると、金を吸い上げる」という能力をもっているのです。

調べられた木の背丈は、十数メートルでした。つまり、地上部の背丈が十数メートルのユーカリの根は、地下三五～四〇メートルの深さにまで伸びているということです。地下部にものすごく根が伸びて、からだを支え、水や養分を吸収して地上部に送ってくることで、木の幹や葉っぱは生きているのです。

それだけでなく、この現象は、育っているユーカリの葉っぱや樹皮を分析すれば、その下に金を含んだ鉱脈があるかどうかがわかることを意味します。そのため、今後、金の鉱脈探しにユーカリが利用できると注目されました。ユーカリは、金の鉱脈のありかを私たちに教えてくれる可能性があるのです。

この話題から、この地域のユーカリの葉っぱや樹皮を集めて、金を取り出そうと考える人がいるかもしれません。でも、それはちょっと無理なようです。葉っぱや樹皮に含まれる金の濃度は、たいへん低いからです。「一個の金の指輪をつくるために、約五〇〇本のユーカリの木が必要だ」との数値が出ています。

私たちは、この話題に「金鉱脈を掘り当てるなんて、ユーカリはすごい」と驚きました。

でも、ユーカリは、「根を伸ばしていたら、たまたま、金鉱脈に当たっただけですよ」と、過大評価されて恐縮しているかもしれません。

(四)植物たちは、「二酸化炭素を欲しい」と思っているのか?

昼間の明るい太陽のまぶしい光を使いこなせない悩みとは?

昼間のまぶしい太陽の光が葉っぱに当たっているのを見ると、「植物たちは、多くの光合成ができるので、喜んでいる」と想像されます。ところがそうではないのです。その光をすべて使って、光合成をするのに必要な二酸化炭素が不足しているので、植物たちは、困っているのです。

二酸化炭素は、光合成の材料です。二酸化炭素は、空気の中に含まれています。空気は、地球上にいっぱいあります。ですから、「植物たちが、二酸化炭素の不足に悩んでいる」

とは考えられません。

しかも、近年、「大気中の二酸化炭素の濃度は、毎年、上昇している」といわれます。大気中の二酸化炭素の濃度は、ハワイのマウナロア観測所で、一九五八年から計測されています。

計測が開始された当初は、〇・〇三一五パーセントでした。そのため、約七〇年前には、空気中の二酸化炭素の濃度は、約〇・〇三パーセントといわれていました。〇・〇三一五という数値が、四捨五入されて、使われていたのです。

その後、空気中の二酸化炭素の濃度は、年ごとに増加し、二〇一三年五月九日には、一日の平均で、はじめて〇・〇四パーセントを超えました。その測定値が発表された日、「はじめて、〇・〇四パーセントを超えた」と、新聞紙上などでも話題になりました。

その二年後の二〇一五年五月には、アメリカ海洋大気局が、「この年の三月に、日の平均でなく、月の平均の濃度がはじめて〇・〇四パーセントを超えた」と発表しました。一日の平均の濃度で、〇・〇四パーセントを超えて驚かれてから、たった二年後に、月の平均の濃度で、〇・〇四パーセントを超えたのです。

これらの数値を反映して、近年、空気中の二酸化炭素の濃度は、約〇・〇四パーセントといわれています。空気中の二酸化炭素の濃度は、近年、確実に上昇しているのです。そのため、私たち人間には、「二酸化炭素の濃度の上昇を、いかに抑えるか」という問題の解決が迫られています。

このような話題を見たり聞いたりしていると、「植物たちにとって、二酸化炭素はたっぷりある」と思われます。ですから、「植物たちにとって、光合成の原料となる二酸化炭素は不足している」とは、とても考えられません。

ところが、これがとんでもない誤解なのです。葉っぱが昼間の太陽のまぶしい光を利用して多くの光合成をするには、その材料である二酸化炭素が不足しているのです。その理由は、空気はいっぱいありますが、空気に含まれる二酸化炭素の濃度が低いことです。

空気の内訳は、窒素が約七八パーセント、酸素が約二一パーセントで、三番目に多いのは、アルゴンという気体で、約一パーセントです。これらに対し、二酸化炭素の約〇・〇四パーセントは、わずかな濃度なのです。

〇・〇四パーセントという数値は、あまりに小さいので、ピーピーエム（ｐｐｍ）という単位が使われることがあります。一パーセントは、一〇〇分の一を意味しますが、一ピーピーエムは、一〇〇万分の一になります。

ですから、ピーピーエムは、パーセントの一万倍の単位なのです。二酸化炭素濃度の〇・〇四パーセントは、一万倍の四〇〇ピーピーエムになります。そのため、大気中の二酸化炭素の濃度は、約四〇〇ピーピーエムといわれることも多くあります。

二酸化炭素は、空気の中に、わずか〇・〇四パーセントほどしか含まれていません。「大気中の二酸化炭素の濃度が上昇している」といわれても、〇・〇四パーセントほどなのです。

この濃度は、カップ一杯のコーヒーの中に、ただの二滴だけ入っているミルクの濃度にたとえられます。また、一リットルのペットボトルの水の中に、一〇滴だけを垂らした目薬の濃度にたとえられもします。

個数で表現すると、一万個の一円玉の中の、たったの四個の一円玉だけが二酸化炭素ということになります。一万円のお金があれば、たったの四円が二酸化炭素ということです。人数で想像すれば、一万人の中のたった四人だけが、二酸化炭素ということになります。

空気中の二酸化炭素の濃度はこんなに薄いために、植物たちは、多くの二酸化炭素を取り込めません。そのため、葉っぱは昼間の太陽の光を使いこなすことができないのです。

光合成に役立ちそうな明るい太陽の光が葉っぱに当たっているときの、植物たちの悩みは、せっかくの光を使いこなせないことなのです。「なぜ、使いこなせないのか」という疑問に対する答えは、「空気はいっぱいあるけれども、空気に含まれる二酸化炭素の濃度が低いから」、あるいは、「空気中の二酸化炭素の濃度が低いために、植物たちは多くの二酸化炭素を取り込めないから」なのです。

私たちには、「濃度が低くても、空気はいっぱいあるのだから、不足することはないだろう」と思われます。その通りなのですが、「大気中にわずかしかない二酸化炭素を、葉っぱはどのように取り込むのかを知ってください」との思いが植物たちには、あるでしょう。次項で考えましょう。

二酸化炭素を吸い込めない植物たちの悩みとは?

植物たちは、根から吸収した水と、葉っぱから取り込んだ二酸化炭素を材料にして、デンプンをつくっています。では、植物たちは、空気の中に約〇・〇四パーセントというわずかしか含まれていない二酸化炭素を、どのようにして、葉っぱから取り込むのでしょうか。

「取り込む」という表現からは、私たちが呼吸するときに、空気を吸い込むような印象があります。植物たちも、私たちが呼吸で息を吸い込むように、二酸化炭素を吸い込み、取り込んでいるのでしょうか。

植物たちは、積極的に、二酸化炭素を吸い込むのではありません。二酸化炭素が、葉っぱの中にひとりでに入ってくるのです。二酸化炭素のような気体には、「濃度の異なる気体が接すると、濃いものが薄いものと同じ濃度になろうとする」という性質があります。

すなわち、濃度の異なる気体が接すれば、濃度の高い気体は、同じ濃度になろうとして、接している低い濃度の気体のほうへ移動するのです。これは、「拡散」とよばれる現象です。

たとえば、タバコの煙に含まれる臭いや香水の強い香りは、いつのまにか消えます。「香りは、どこへ行くのか」とか「なぜ、香りは消えるのか」などと不思議に思われるほど、いつのまにか消えてしまいます。

風が吹いていれば、風に乗ってどこかへ行くと思われます。でも、風がまったくない部屋の中でも、いつのまにか、臭いや香りは、まわりの空気と混じり合って薄まってしまいます。

葉っぱには、「気孔」という小さな孔が空いています。気孔は、葉っぱの表面や裏面にあります。この孔を介して、空気中の二酸化炭素は、葉っぱの中の二酸化炭素と接しています。

カシやアオキなどの表面に光沢のある葉っぱでは、気孔は、葉の表面にはほとんど存在せず、裏面に集中しています。雑草や野菜、栽培する草花などでは、気孔は、葉っぱの裏面に表面より多くある傾向にありますが、葉っぱの表面にも裏面にもあります。

「何個くらいの気孔があるのか」と、顕微鏡の下で数えてみる場合、一ミリメートル四方の面積に限定して数えます。すると、植物の種類ごとに、気孔の数は異なりますが、たった一ミリメートル四方の中に、少ない場合でも数十個くらい、多いものでは一〇〇〇個以上もの気孔があります。これを一センチメートル四方の中にある気孔の個数に換算すると、多いものでは、一〇万個以上にもなります。「葉っぱは、気孔だらけ」といえます。

気孔の大きさは、植物の種類によりさまざまですが、約一〇〇マイクロメートルです。一マイクロメートルというのは、一ミリメートルの一〇〇〇分の一です。この小さな気孔から、二酸化炭素が葉っぱの中に入ってくるのです。

空気中の二酸化炭素の濃度は、約〇・〇四パーセントです。葉っぱの中では、二酸化炭素は光合成に使われていますから、その濃度は非常に低くなっています。わかりやすいように、その濃度をゼロと考えます。すると、二酸化炭素の濃度は、気孔をはさんで、葉っぱの内側はゼロ、外側は約〇・〇四パーセントです。

〇・〇四パーセントというのは低い濃度ですが、ゼロと比べると、高い濃度です。ですから、高い〇・〇四パーセントのほうから低いゼロのほうへ、二酸化炭素は移動します。

葉っぱが光合成をして、二酸化炭素をどんどん使えば、葉っぱの中の二酸化炭素の濃度は、常に外側の空気より低くなります。そのため、二酸化炭素は外の空気から葉っぱの中に移動してきます。

「葉っぱが、二酸化炭素を取り込む」、あるいは、「葉っぱが、二酸化炭素を吸収する」といわれます。しかし、正確には、「二酸化炭素が、葉っぱの中に流れ込んでくる」と表現するほうがいいのかもしれません。

二酸化炭素の濃度の差が大きいほど、多くの二酸化炭素が葉っぱの中に流れ込んできます。もし空気中の二酸化炭素の濃度が約〇・〇四パーセントではなく、一パーセントだとしたら、一パーセントとゼロという大きな濃度の差を利用して葉っぱの中に流れ込んでくるのです。この場合、二酸化炭素の濃度が〇・〇四パーセントの場合より、ずっと多くの二酸化炭素が葉っぱの中に入ってくることになります。

ですから、空気中の二酸化炭素の濃度が低いと、葉っぱの中に取り込まれる二酸化炭素の量が少なく、光合成に足りなくなるのです。正確には、「空気中の二酸化炭素が足りない」というよりは、「葉っぱの中に入ってこないので、光合成の材料として足りなくなる」ということです。

二酸化炭素を吸えない植物たちの〝悩み〟とは、私たち人間のように、自分で空気を吸い込むことができないことなのです。

夜に二酸化炭素を吸収する植物たちの思いは？

サボテンは、不思議な姿をしています。その姿に対し、「なぜ、サボテンにはトゲがあるのか」や「なぜ、サボテンの葉っぱはぶ厚いのか」、「なぜ、サボテンは球状や柱状の形をしているのか」などの疑問がもたれます。

サボテンは、サボテン科に属する植物で、南北アメリカなどの乾燥地を中心に生育する植物です。英語名はカクタス（cactus）で、漢字では「仙人掌」と書かれます。この漢字名は、サボテンにはいろいろな形のものがありますが、仙人の手のひらのような形をしたものに由来します。

サボテンが育つ乾燥した地域の多くでは、昼間の太陽は強い光で照りつけます。カラカラの空気の中で、太陽の強い光に照らされて、からだの中の水が葉っぱから蒸発して失われてしまいます。乾燥した水不足の土地で、多くの水が失われては、サボテンにとってはひどく困ります。

そこで、サボテンは、水が失われるのを防ぎ、水を確保するために、工夫を凝らしています。サボテンが、ぶ厚い手のひらのようであったり、球状であったり、柱状であったりする姿をしているのは、茎が変形したものです。

いずれも、ぶ厚く多肉化しているのは、この姿の中に、多くの水を蓄え、保持するためです。また、このような姿をすることにより、からだに日陰になる部分ができるという利点があるといわれます。

「これが茎だとすると、葉っぱはどこにあるのか」との疑問が生まれます。サボテンでは、葉っぱがトゲに変化しているのです。トゲになると、葉っぱの面積が極端に小さくなって、水の蒸散を防ぐことができます。

また、鋭いトゲは、動物に食べられることから身を守っている姿とも思えます。それだけでなく、表面を覆うようにあるトゲは、太陽の光が直射することを防ぐことにより、表面の温度が上がることを防いでいると考えられます。

さらに、サボテンには、からだの表面にある気孔の数を減らすと同時に、表面に、パラフィン（ろう）のような物質をコーティングしたものもあります。そのため、サボテンのからだには白く光るような艶《つや》があることがあります。

サボテンだけではなく、昼間の太陽が強い光で照りつける乾燥地に生きる植物たちは、水を確保するために、工夫を凝らしています。あるものは、根をよく発達させて、地下深くまで伸ばしています。土の表面は乾燥していても、地下深くには水があり、これを求めて長い根を伸ばすのです。乾燥地では、地上部の成長はよくなくても、長い根は地中に深く伸びています。

このような努力や工夫をしても、光合成をするためには、やはり二酸化炭素が必要です。植物たちは、光合成に使える光が当たっているときには、多くの二酸化炭素を取り込みたいのです。そのためには、気孔をできるだけ大きく開けなければなりません。

ところが、気孔を大きく開けると、多くの水が蒸散し、からだの中の水分が失われます。かといって、気孔を閉じて水の蒸散を防いでいると、光合成に使える太陽の光がせっかくあるのに、二酸化炭素を取り込めないので、光合成ができません。

乾燥地に生きる植物たちは、長い間、このことに深刻に悩んできたに違いありません。

そんな悩みを抱えた植物たちの中から、「それなら、太陽の光が強い昼間には、気孔を閉じて水の蒸散を防ぎ、太陽の光がない涼しい夜に、気孔を開けて二酸化炭素を取り込めば良いだろう」との思いをもった植物が現れました。

そして、そのための術《すべ》を身につけたのです。それらの植物の中の身近なものの一つが、サボテンなのです。サボテンは、多肉化している部分にある気孔を開いて、夜の暗闇の中で、二酸化炭素を吸収し、からだの中に貯蔵します。もちろん、夜の暗闇の中で取り込まれた二酸化炭素は、光がないのですぐには光合成には使われません。からだの中に蓄えられるだけです。

朝になって、太陽の明るい光が当たるようになると、サボテンは、蓄えていた二酸化炭素を取り出します。そして、太陽の光のエネルギーを利用して、それを材料として光合成に使うのです。

サボテンのように、この性質をもつ植物たちは、CAM《カム》植物といわれます。CAM植物の代表が、ベンケイソウです。「CAM」とは、「ベンケイソウ型有機酸代謝」という語句を意味する「Crassulacean Acid Metabolism」の各単語の頭文字になっている三文字をとって並べたものです。

ベンケイソウ科のベンケイソウやカランコエ、セイロンベンケイソウ、コダカラベンケイソウ、サボテン科のサボテン、アナナス科のパイナップル、近年はツルボラン科とされるアロエなど、乾燥に強い多肉の植物がＣＡＭ植物として知られています。

第二章

子孫の繁栄を願う親心

第一章では、植物たちは、人に頼らず、自給自足で生きるために努力するという生き方を示してくれました。「食べものを探しまわって動かなければならない動物たちは、かわいそう」と思いつつ、自分たちは、「自分の食べものは、人の世話になりたくない」と思う、強い自立する気持ちを教えてくれました。

動物が動きまわらねばならない二つ目の理由は、子どもを残すための相手を探し求めているからです。動物は、オスとメスが合体して子どもを残すので、相手が必要です。その相手を探し求めて、動物はウロウロと動きまわります。私たち人間も例外ではなく、その目的のためにウロウロと動きまわることも多くあります。

一方、植物たちは、子孫を残すために、相手を求めて動きまわることはありません。本章では、動きまわらずに子孫を残す植物たちの思いと、その思いを遂げるための知恵や工夫を凝らした、子孫の残し方を紹介します。

（一）植物たちが、花に込める思いとは？

「一つの花の中で、子どもをつくりたくない」という思いとは？

多くの植物は、オシベとメシベがある花を咲かせます。オシベがオスの生殖器であり、メシベがメスの生殖器です。このような花は、両方の性を備えているという意味で、「両性花」といわれます。

両性花を咲かせる植物たちは、「自分のオシベの花粉を、自分のメシベにつけて、タネ（子ども）をつくる」と思われがちです。でも、そうではありません。多くの植物たちは、自分の花粉を同じ花の中にある自分のメシベにつけて、子どもを残すことを望んでいません。「一つの花の中で、子どもをつくりたくない」という思いをもっているのです。

自分の花粉が自分のメシベについても、タネができることはあります。自分の花粉を、自分の花のメシベにつけることは「自家受粉」といわれ、自家受粉でタネができることは、「自家受精」といわれます。

この自家受精で、子どもをつくる植物はありますが、多くの植物たちは自家受精で子どもをつくることを望みません。自家受精で子どもをつくると、自分と同じような性質の子どもばかりが生まれるからです。

もし自分が「ある病気に弱い」という性質をもっていたら、その性質はそのまま子どもに受け継がれます。自家受精で子どもをつくり続けていると、一族がその病気に弱くなり、もしその病気が流行《はや》れば、一族が全滅するリスクがあります。

それだけでなく、自家受精で子どもをつくると、隠されていた悪い性質が現れる可能性があります。たとえば、ふつうに花粉をつくる親であっても、「花粉をつくることができない」という性質を隠しもっていることがあります。

その場合、親が自家受精で子どもをつくると、子どもには「花粉をつくることができない」という性質が発現してくることがあります。そのため、自家受精で子どもをつくると、子孫の繁栄につながらないことがあるのです。ですから、多くの植物たちは、自家受精で、新しい生命を誕生させることを望んでいません。

植物であっても、動物であっても、子どもをつくる目的は、子どもや仲間の個体数を増やすことだけではありません。自分たちの命を、次の世代へ確実につないでいくために、いろいろな性質の子どもが生まれることが望まれます。

暑さに強い子ども、寒さに強い子ども、乾燥に強い子ども、日陰に強い子ども、病気に強い子どもなどです。いろいろな性質の子どもがいると、さまざまな環境の中で、どれかの子どもが生き残り、命をつなぐことができるのです。

「一つの花の中で、子どもをつくりたくない」という植物たちの思いとは、「いろいろな性質をもった子どもをつくる」ことなのです。そのために、オスとメスに性が分かれた多くの植物は、自分のメシベに他の株に咲く花の花粉をつけようとするのです。一方で、自分の花粉は、他の株に咲く花のメシベにつけようとします。

その思いを遂げるために、多くの植物たちは、自分だけで子どもをつくるのを防ぐための、いろいろなしくみを備えています。オシベとメシベをもつ両性花をよく観察してください。

多くの花で、メシベはオシベより背を高く

メシベの背がオシベよりも高いユリの花

伸ばして上に位置し、同じ花の中にあるオシベの花粉がつくことを避けています。もし逆に、オシベが上にありメシベが下にあると、オシベから自分の花粉がポロポロと下にこぼれ落ち、メシベについて子どもができてしまいます。

また、横向きに咲いている花では、メシベはオシベより長く伸び、オシベの先がメシベの先に届かないようになっています。メシベは「他の株の花粉が欲しい」という強い思いを示しているようです。

一方、オシベは、メシベより低いところで、メシベからそっぽを向くように反り返って離れています。オシベは、同じ花のメシベに花粉がつくことを避け、別の株のメシベに花粉をつけることを望んでいるのです。

「自分の花粉が自分のメシベについて、タネができる」ことを避けるために、オシベとメシベは、高さや長さを変えていたり、互いにそっぽを向いて離れていたりして、なるべく接触しないように位置しているのです。

「一つの花の中で、子どもをつくりたくない」という思いを遂げるために、植物たちは、自分の花粉が自分のメシベにつくのを避けるための工夫を凝らし、巧妙なしくみを身につけているのです。植物たちは、「オシベとメシベは別居したい」という思いをもっているように思えます。

「いろいろな性質のタネ（子ども）を生みたい」という思いとは？

一つの花の中にオシベとメシベをもつ両性花を咲かせる植物は、いろいろな性質のタネ（子ども）をつくるために、一つの花の中のオシベとメシベが、お互いの接触を避けて、タネ（子ども）をつくるしくみを身につけています。

そのしくみの代表は、「一つの花の中にあるオシベとメシベを異なる時期に成熟させる」というものです。同じ花の中で、オシベとメシベが成熟する時期がずれるのですから、自分の花粉がメシベについて、子どもができる心配がありません。これは、オシベが雄、メシベが雌ですから「雌雄異熟《しゆういじゅく》」とよばれるものです。

たとえば、春に花を咲かせるコブシやモクレンでは、花が咲いたときに、花の中央にあるメシベが成熟しています。でも、メシベのまわりにあるオシベは成熟していないので、花粉を出していません。ですから、中央の成熟したメシベに、同じ花の中にあるオシベの花粉がつくことはありません。メシベは、別の株の花粉がつくのを待っているのです。

メシベが萎《しお》れて子どもをつくる能力をなくしたころに、ようやく、メシベのまわりのオシベが成熟して花粉を出してきます。メシベは萎れていますから、同じ花の中で、オシベの花粉がそのメシベについて子どもができることはありません。オシベの花粉は、別の株に咲く花のメシベに運ばれることが期待されているのです。

これは、メシベがオシベより先に熟して接触することを避けているので、「メシベ先熟」といいます。モクレン以外にも、コブシやタイサンボク、オオバコなどがこの性質をもっていて、自分の花粉が同じ花の中の自分のメシベについて子どもができることを避けています。

逆の場合もあります。夏から秋にかけて花を咲かせるキキョウでは、ツボミが開いたときには、花の中に、オシベとメシベの姿はありません。数日が経過すると、オシベが出てきて、黄色い花粉をたくさん出します。さらに、数日が経ち、ハチやチョウなどに運ばれてしまって、黄色い花粉がなくなるころに、メシベが出てきます。

メシベが成熟した状態になったとき、まわりのオシベにあった花粉は、すっかりなくなっています。そのため、同じ花の中で、オシベの花粉がメシベについて、子どもができることはないのです。

これは、オシベがメシベより先に熟して接触することを避けているので、「オシベ先熟」

キキョウのオシベ先熟

といいます。ユキノシタやホウセンカなどが、この性質をもっており、自分の花粉が自分のメシベについて子どもができることを避けています。

植物たちがもつ「いろいろな性質のタネ（子ども）を生みたい」という思いを遂げるための姿は、「雌雄異熟」だけではありません。次項で、紹介します。

「別居したい」という思いとは？

同じ一本の株に、「オシベだけをもつ花」である雄花《おばな》と「メシベだけをもつ花」である雌花《めばな》を、別々に咲かせる植物があります。「なぜ、雄花と雌花を別々に咲かせるのか」という疑問がもたれます。

これに対しては、「オシベとメシベが『いっしょにいても仕方がないので、それなら、別れて暮らしましょう』と考えて、オシベとメシベが別れた植物です」が答えです。

これらは、雄花と雌花が同じ株に咲くので、「雌雄同株《どうしゅ》」といわれます。

雌雄同株の植物は、「自分の花粉が自分のメシベについて、タネができること」を避けるため、「オシベだけをもつ花」である雄花と「メシベだけをもつ花」である雌花を別々にしているのです。「オシベとメシベは別居したい」という、植物たちの思いを現実にした姿なのです。

雄花と雌花を別々にしていても、同じ株に咲いた花の花粉が雌花のメシベにつくことはあるでしょう。しかし、一つの花の中に、オシベとメシベの両方が隣り合うようにある両性花に比べて、雌花には、別の株の花粉がつき、雄花の花粉が別の株のメシベにつく可能性は高くなります。

雌雄同株の植物は身近に多くあります。野菜なら、ニガウリ（ゴーヤー）をはじめ、キュウリ、カボチャ、スイカ、メロン、ヘチマなどウリ科の植物です。他には、トウモロコシや、栽培される草花のベゴニア、雑草のギシギシ、カラスウリなどです。樹木なら、スギ、マツ、ヒノキ、モミ、カキ、クリなどです。

「オシベだけをもつ花」である雄花と「メシベだけをもつ花」である雌花を、一本の株に咲かせる植物に対し、別々の株に咲かせる植物があります。雄花だけを咲かせる株は「雄株」といわれ、雌花だけを咲かせる株は「雌株」とよばれます。

このように、雄株と雌株が別々の個体になっている植物たちは、「雌雄異株《いしゅ》」とよばれます。雌雄異株の植物たちでは、雄株の花粉が雌株の雌花につくことで、タネ（子ども）ができます。

ですから、雄株の個体のもつ性質と雌株の個体のもつ性質が混ぜ合わされて、いろいろな性質の子どもが生まれます。イチョウやサンショウ、キウイ、アスパラガス、ホウレンソウ、フキなどの植物たちです。「オシベとメシベは別居したい」という思いを超えて、雄株と雌株の個体に別れて、オシベとメシベを完全に別居させそれぞれが独立した姿が、「雌雄異株」なのです。

雌雄異株や雌雄同株の植物たちは、「オスとメスに性が分かれた生殖の意義をよくわきまえた植物たち」といえます。

「自分の花粉を受け入れたくない」という思いとは？

「花粉がメシベの先端につくと、タネができる」といわれます。しかし、タネができるのは、そんなに簡単ではありません。実際には、花粉がメシベの先端についても、それだけでは、タネはできません。

植物の生殖では、動物の場合と同じように、メシベのもつ卵と、花粉の中にある雄の配《はい》偶子《ぐうし》が合体して、子ども（タネ）が生まれます。タネをつくる植物の場合、「卵」は「卵細胞」とよばれます。卵細胞は、長いメシベの先端ではなく、メシベの基部にあります。

だから、メシベの先端についた花粉の中にある雄の配偶子は、卵細胞と合体してタネをつくるためには、メシベの基部まで行きつかねばなりません。動物の場合、オスの配偶子である精子は「鞭毛《べんもう》」という泳ぐ用具をもっており、自分自身で泳いで卵に行きつくことができます。

多くの植物では、動物の精子に当たるものは、「精細胞」といわれます。「精細胞」は、花粉の中にありますが、精子と違って、泳ぐことができません。ですから、花粉がメシベの先端についても、精細胞は自分自身で泳いで、メシベの基部にある卵細胞に行きつく能力はありません。

ということは、花粉がメシベの先端についても、タネができるためには、卵細胞の位置するところまで精細胞が到達する方法がなければならないのです。何かが卵細胞のあるところまで精細胞を導かないと、精細胞は卵細胞と合体できないのです。

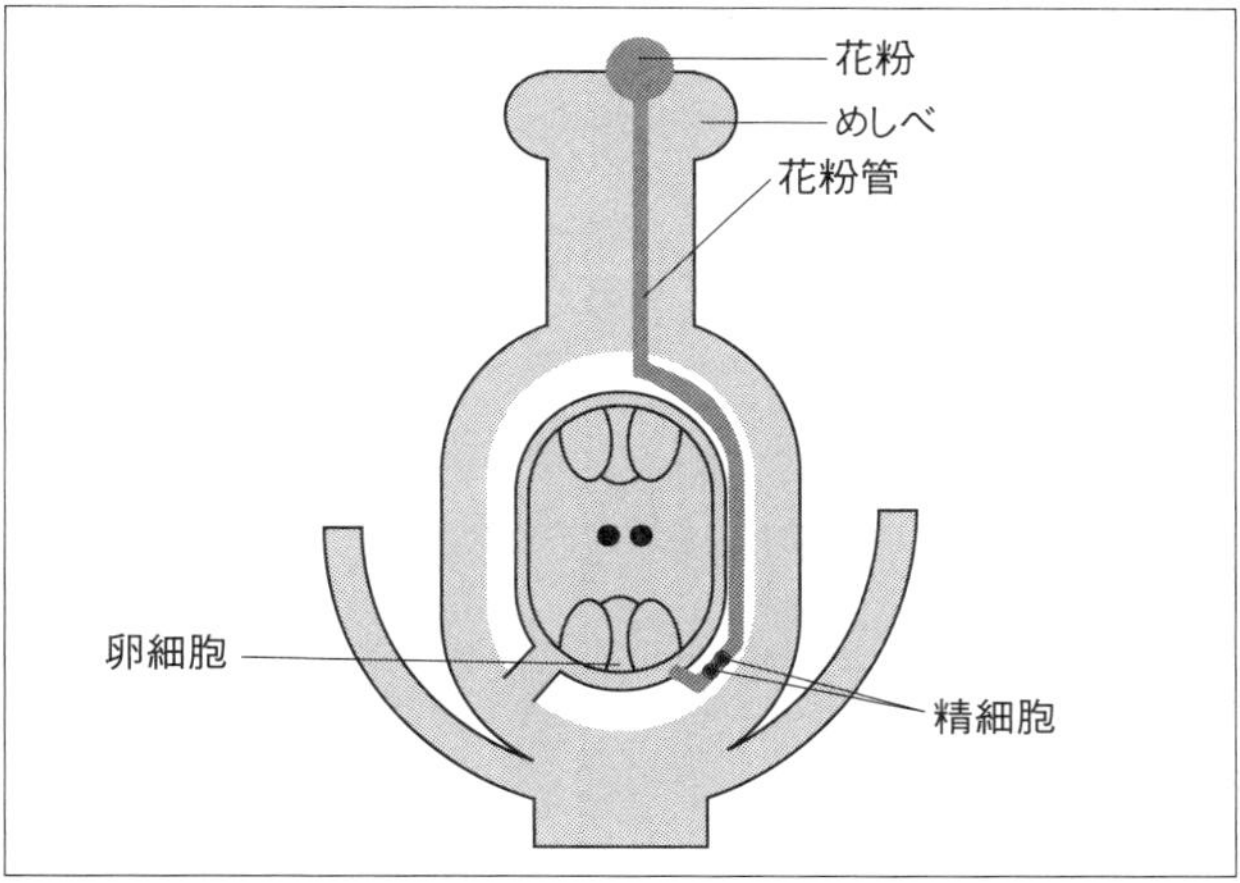

精細胞が卵細胞に行きつくしくみ

そこで、花粉がメシベの先端についたら、花粉は「花粉管」という管を伸ばしはじめます。花粉管がメシベの基部にある卵細胞のごくかたわらまで伸び、その中を、精細胞を移動させて卵細胞にたどりつかせるのです。

そこで、やっと精細胞は卵細胞と合体し、タネができます。だから、花粉がメシベの先端についても、タネはメシベの先端ではなくメシベの基部にできるのです。つまり、花粉がメシベについても、花粉管が伸びなければ、タネはできません。

実は、自分の花粉を自分のメシベにつけて子どもをつくりたくない植物は、自分の花粉がメシベについたときには、花粉から花粉管を伸ばさせません。そのため、そのような植物の場合には、花粉の中にある精細胞とメシベの基部にある卵細胞が出会って合体することはありません。ということは、タネはできないのです。

自分の花粉が自分のメシベについてもタネをつくらない性質は、「自家不和合性《じかふわごうせい》」といわれます。自分の花粉ではなく、別の株の花粉がついた場合には、花粉管が伸び、花粉管の中にある精細胞とメシベの基部にある卵細胞が合体して、タネができます。

ですから、この性質をもっていると、タネをつくるためには、必ず別の株に咲く花の花粉がつかねばなりません。この性質をもつ植物は、自分の花粉と別の株の花粉を見分けているのです。

アブラナ科やキク科、ナス科やマメ科などに、この性質をもつ植物が多いことが知られています。栽培果樹であるナシやリンゴ、サクランボなども、この性質をもつ代表的な植物です。

これらの植物は、「自分の花粉を自分のメシベにつけて、タネ（子ども）をつくりたくない！」という思いを超えて、「自分の花粉を自分のメシベにつけて、タネ（子ども）をつくらない！」との強い思いをもっているのです。

植物たちには、不安がいっぱい！

多くの植物たちが花粉をつくる目的は、いろいろな性質の子どもをつくるために、自分とは別の株に咲く仲間の花のメシベに、その花粉をつけることです。また、メシベは仲間の株に咲く花の花粉を受け取ることを望んでいます。

そのために、花粉は別の株に咲く花に移動しなければなりません。しかし、植物たちは花粉を移動させるために、自分は動きません。植物たちは、自分は動かずに、花粉の移動を風や虫、鳥や水に託します。

風に託するものは、「風媒花《ふうばいか》」といわれます。マツ、スギ、イネ、クワ、ヨモギ、トウモロコシなど、あまり目立たない花を咲かせる植物たちです。ハチやチョウなどの虫に託するものは、「虫媒花《ちゅうばいか》」とよばれます。ユリ、サクラ、トマト、ナノハナ、ヒマワリ、ミカン、バラ、レンゲソウなど、色や香りで虫を引きつける、きれいで目立つ花を咲かせる植物たちです。

その他に、鳥や水の流れに託すものがあります。鳥に託すものは、「鳥媒花《ちょうばいか》」といわれます。ツバキ、サザンカ、チャ、ビワ、ウメ、モモなどです。媒介する鳥は、メジロ、ヒヨドリなどです。水の流れに託すものもあります。「水媒花《すいばいか》」とよばれます。キンギョモ、イバラモ、セキショウモなど、水の中で暮らす植物たちです。

風は、どこへ吹いていくかわかりません。虫や鳥もどこに飛んで行くかは気まぐれです。水の流れ方も速度や道筋は必ずしも定まっていません。一方、花粉の移動は、タネ（子ども）をつくり、次の世代へ命をつなげるという大切な行為です。

ですから、「そんなに大切な役割を、風や虫、鳥や水の流れに託して大丈夫なのか」と不安になります。植物たちも心配しているはずです。「花粉が、別の株に咲く仲間の花のメシベに、出会えるだろうか」と、植物たちには不安がいっぱいなはずです。

植物たちは、そんな心配や不安を打ち消すように、さまざまな工夫を巧みに凝らしています。「いろいろな性質の子どもをつくりたい」との思いを込めて、工夫を凝らしているのです。

花粉の移動を風に託する植物たちは、「花粉は、風に乗って仲間の花にうまく運ばれるだろうか」と、心配しているはずです。そんな心配を打ち消すもっとも確かな方法は、花粉を多くつくることです。

風まかせのスギなどは、「風はどこへ吹いていくかわからない」と心配し、「どこへ風が吹いていってもいいように、たくさんの花粉をつくろう」と決めているのでしょう。花粉を飛ばすシーズンには、スギはあたりの空気が真っ白に曇《くも》るほどの多くの花粉をまきちらします。多くの花粉をつくるスギは、花粉を風に託す植物たちの中でも、特に、心配性なのでしょう。

オシベだらけのキンシバイの花

多くの花々は、花粉の移動を虫に託しています。虫はどこへ飛んでいってしまうかわかりません。そのため、虫に花粉の移動を託する植物たちは、その不安を打ち消すために、多くの花粉をつくろうとして、オシベが多いのです。

花粉は、オシベの先端につくられるからです。ふつうは、メシベは一本ですが、オシベの数は比較的少ない、キキョウやアサガオ、サツキツツジなどでも五本、ユリやナノハナでも六本はあります。

ソメイヨシノのオシベは、三〇本くらいあります。同じバラ科サクラ属の仲間であるウメやモモにも、三〇本ほどのオシベがあります。ある品種のツバキでは、一〇〇本以上のオシベが一つの花の中にあります。

キンシバイやビヨウヤナギの花は、オシベだらけです。私は、キンシバイのオシベの本数を数えたことがあります。そのときは、二五六本ありました。ものすごい数のオシベで、花粉をたくさんつくっているのです。オシベを多くつくる植物たちは、心配性なのでしょう。

生存競争には、魅力を武器にして！

花粉の移動を虫に託す植物たちは、虫を誘い込まなければなりません。虫たちが寄ってきてくれれば、虫たちに花粉の移動を託すことができます。虫を誘い込めなければ、オシベは花粉を運んでもらうことはできません。

花粉を虫に運んでもらう場合だけでなく、花粉を運んできてもらって受け取る場合も同じです。他の株の花粉をつけた虫をうまく誘い込まなくては、花粉を受け取れません。だから、花粉の移動を虫に託す「虫媒花」といわれる植物たちは、虫に花粉を運んでもらうために、虫をうまく誘い込む工夫を凝らしています。

きれいな色や目立つ色で花を飾り、いい香りを漂わせます。つまり、「色香《いろか》」で虫たちを引き寄せるのです。色香の「色」は花の色であり、「香」は花の香りです。私たち人間ではあまりいい表現ではありませんが、植物たちは、虫たちを、色香で惑《まど》わし、誘い込むのです。

春の花壇では、いろいろな種類の植物たちがいっしょに育ち、いっしょに花を咲かせています。ですから、「植物たちは、仲良しなのだ」という印象を受けます。でも、それは〝誤解〟です。仲が良いはずはありません。

なぜなら、それぞれの植物は、自分のところにハチやチョウなどが寄って来てくれたら、花粉を運んでくれるので、子どもを残せる可能性が生まれるのです。ですから、同じ種類の仲間の植物たちはいっしょに花を咲かせて仲良しでいいのですが、違う種類の植物たちとは、虫を誘い込む競争をしなければなりません。

子孫の存続をかけて、虫を誘う魅力を競い合っているのです。少し大げさにいうと、春の花壇は、生存競争の舞台なのです。その競争に勝つために、それぞれの種類の植物たちは、花の色や形、大きさ、香りや蜜の味に工夫を凝らし、魅力を武器にして、競い合っているのです。

植物たちが、生存競争に勝つための武器は、虫を誘い込むための、自分たちの魅力なのです。植物たちの花が魅力的なのは、「生存競争に勝つため」と知れば、私たち人間も、「自分の魅力を高める努力を惜しまない」という気持ちが生まれてきます。

仲間といっしょに花を咲かせる植物たちの思いとは?

花粉をたくさんつくっても、虫をうまく呼び寄せても、それらに劣らぬ、もう一つの大切なことがあります。それは、花粉が運ばれたときに、仲間の花が開いていなければならないことです。そのため、同じ種類の植物たちは、同じ季節に花を咲かせます。

早春に、スイセンやフクジュソウ、春に、ナノハナやジンチョウゲが花咲き、それに続いて、タンポポやレンゲソウ、サクラやフジ、チューリップの花が咲きます。初夏にカーネーションやクチナシ、アジサイ、夏にアサガオやヒマワリ、オシロイバナ、秋にはキクやコスモス、ヒガンバナやキンモクセイなどが花咲きます。

仲間の花々が花粉のやり取りをできるように、同じ季節に、仲間がいっせいに、打ち合わせたように、花を咲かせるのです。といっても、季節の期間は長いです。「春に咲く」と決めていても、春早くに咲く花と、春遅くに咲く花とは、出会うことはほとんどありません。ですから、同じ季節に花を咲かせるだけでは、花粉のやり取りはできません。

そこで、そんな心配をする植物たちは、季節ではなく、月日を限定して花を咲かせます。

花の咲いている期間の短い植物たちには、月日を限定して、仲間といっしょに花を咲かせることが大切なのです。

たとえば、ソメイヨシノは「春の花」の代表ですが、春の間ずっと、咲いているわけではありません。開花するのが遅い年や早い年はありますが、私の住んでいる京都市では、三月下旬から四月上旬の十日間ほど、花が咲くだけです。

また、ハナミズキは五月中旬、フジは五月下旬、アジサイは六月上旬、クチナシは六月下旬、ヒガンバナは秋のお彼岸のころ、キンモクセイは一〇月上旬のように、多くの植物は月日を限定して花を咲かせます。

しかし、花を咲かせる季節や月日を打ち合わせても、まだ安心できない植物たちがいます。開花して一日以内に萎れてしまう寿命の短い花を咲かせる植物たちです。これらは、同じ季節や同じ月日に花を咲かせるだけでなく、同じ時刻にいっせいに花を咲かせなければなりません。

そのため、アサガオは、朝に花を開くと決めています。ツキミソウは、夕方に花を開くと決めています。ゲッカビジンは、夜一〇時ころにいっせいに花を開かせます。オシロイバナは、英語の名前で「フォーオクロック」といわれ、夕方の四時ころに花が開く植物です。日本では、夏の夕方、六時ころに花が咲きます。

これらの植物たちは、同じ時刻に、仲間が打ち合わせて、「いっしょに、花を開こう」と決めて、花を咲かせるのです。

公園や遊園地に、「花時計」というのがあります。見に行くと、花壇の上を、時計の針がまわっています。文字盤が花壇であり、花で装飾されただけの時計です。「花時計」は、辞書（広辞苑）でも、「文字盤に花を美しく植え込んだ大きな時計。公園や広場などに設ける」と説明されています。だから、これでいいのかもしれません。でも、本来の「花時計」は、花壇の上を時計の針がまわるという味気のないものではありません。

一八世紀、スウエーデンの植物学者、カール・リンネがつくろうとした花時計は、時計盤状の花壇のそれぞれの時刻の位置にその時刻に花を咲かせる植物が植えられており、どの場所の花が咲いているかを見て、時刻を知る時計でした。

実際に、リンネが描いた花時計には、時刻を決めて花を開く植物だけでなく、時刻を決めて花を閉じる植物も混じっていました。でも、本来の「花時計」とは、多くの植物たちが同じ時刻にいっせいに花を咲かせる性質を象徴するものです。

仲間といっしょに花を開く植物たちは、「仲間の花々が花粉のやり取りをできるように」

との思いを込めているのです。「仲間といっしょに花を咲かせることで、子ども（タネ）ができ、子孫の繁栄につながる」ことを知っている植物たちなのです。

（二）「一人ででも、子どもを残したい」という思いを遂げる！

「自分の子どもは、自分でつくる」という思いを遂げる！

多くの植物は、「自分の花粉を自分のメシベにつけて、タネをつくりたくない！」という思いを超えて、「自分の花粉を自分のメシベにつけて、タネをつくらない！」との強い思いをもっています。

ところが、自分の花粉を自分のメシベにつけて、タネをつくる植物がいます。自分の花粉を同じ花の中にある自分のメシベにつけてタネをつくることは、「自家受精」といわれます。

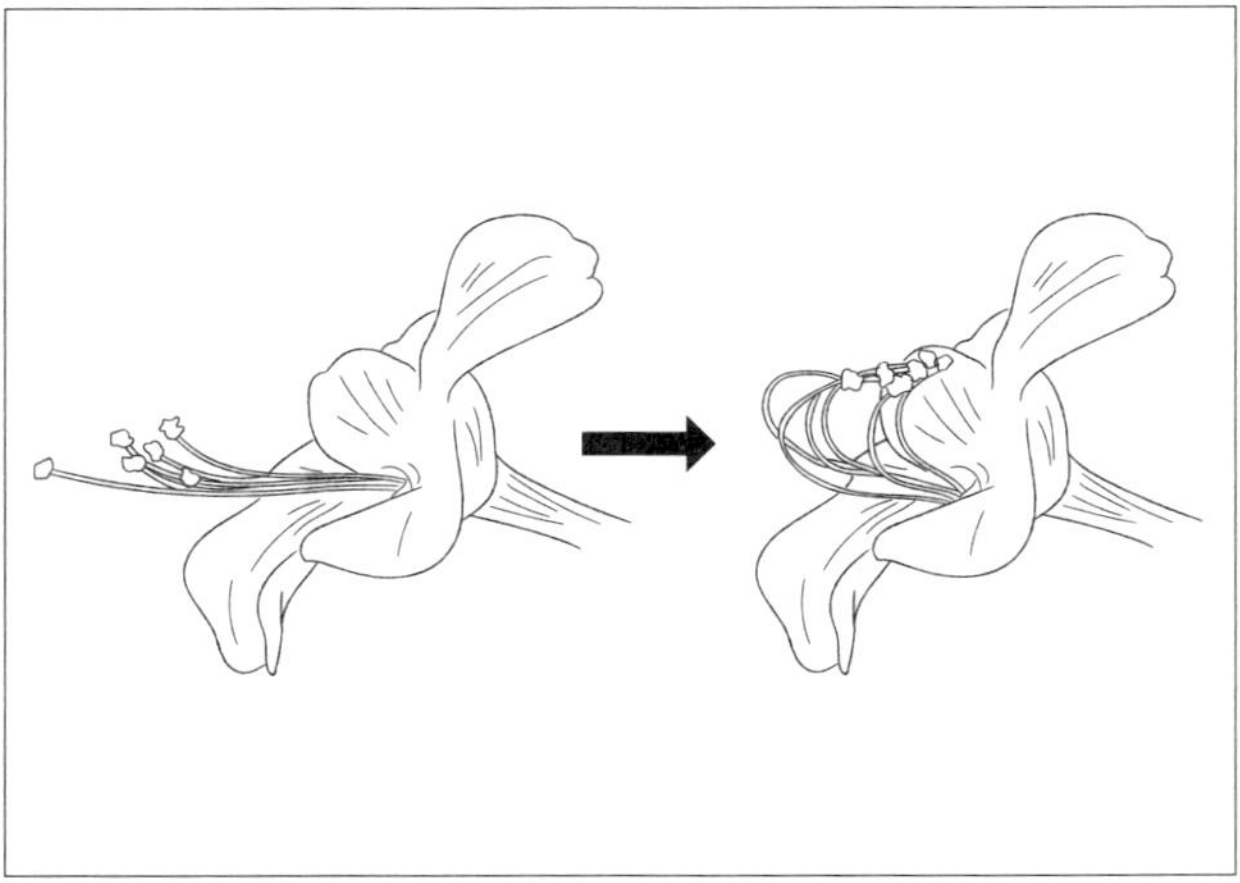

オシロイバナの自家受精

たとえば、オシロイバナです。この植物は、夏の夕方にいっせいに花を開きます。花が開いたとき、メシベはオシベより長く伸びだしています。「他の株に咲く花の花粉が欲しい」との思いを込めたメシベの姿です。自分のオシベには目もくれていないように見えます。

でも、「暗くなる夜に向かって花を開いても、花粉を運んでくれる虫は寄ってくるのだろうか」と心配になります。しかし、自然の中には、いろいろな虫がいます。虫と植物たちとは長いつきあいをしてきており、歴史があります。

夕方、暗くなるころから、オシロイバナの花が咲くのに合わせるように、夜に活動をはじめる夜行性の虫がいるのです。スズメガの仲間です。オシロイバナの花は、ラッパのように先端が広がっていて、蜜はだんだん細くなる筒状の奥にあります。

多くの虫は、この細い筒状の花の蜜を吸うことはできませんが、スズメガの仲間は、口が細く長く伸びているので、花の先端の広い部分から花の奥にある蜜を吸うことができるのです。

しかし、一晩の間に出会いがかなわないことがあるかもしれません。そのため、オシロイバナの花では、萎れる前には、一つの花の中でメシベが反り返ってきて、うしろにあるオシベに寄り添って合体します。自家受精で、命をつなぐのです。

このときまでに、虫が他の株の花粉をメシベに運んできていなければ、これでタネができます。それまでに受粉していれば、自分のオシベの花粉がついても、意味はありませんが、この花には、確実に命をつなぐための保険がかけられているのです。

自分の花粉を自分のメシベにつけて子どもをつくるのですから、「自分と同じ性質のものしかできない」との心配もあり、「隠されていた悪い性質が発現する」というリスクはあります。しかし、それでも、子孫を残すことのほうが大切です。

新しい命を生みだし、次の世代に命をつないでいくためには、このような保険をかける

エンドウの花ではオシベとメシベがいっしょに包み込まれている

ことが必要なのです。「他の株に咲く花の花粉が欲しい」との思いを、次の世代に託しているのです。

もっと積極的に自家受精で子孫を残す植物もあります。たとえば、エンドウです。エンドウは、放っておいても、自分で自分の子どもをつくり出します。この植物の花の中では、オシベとメシベがいっしょに花びらに包み込まれています。

そのため、ふつうには、他の株の花粉がメシベにつくことはなく、同じ花の中にある花粉が、メシベについてタネができます。この方法でタネをつくることを繰り返すことで、同じ性質が安定して生じる「純系」ができます。純系とは、自家受精で、親、子、孫と代を重ねても、その性質がすべて親と同じものになるものです。

エンドウは、自家受精の性質をもっています。でも、他の株の花粉がメシベについてタネができることを拒否しているわけではありません。

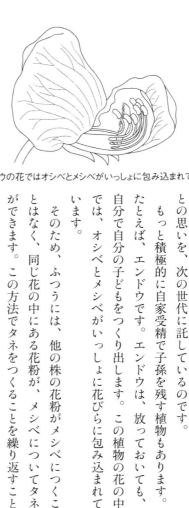

この植物の花には、別の花の花粉がついても受精し、タネができる性質もあります。ですから、人為的に、異なった性質をもつ個体の花粉をつけて、タネをつくることができます。

これらの植物は、自分と同じ性質の子どもができても、その子どもの性質に自信をもっているのかもしれません。いろいろな環境への適応性を考えると、自分一人で子どもをつくることは、好ましくありません。しかし、環境の変化に適応する自信があり、新しい環境の土地へ進出する必要性がないのなら、自分とよく似た子どもたちができるだけで十分なのかもしれません。

「自分の花粉を自分のメシベにつけて、タネをつくりたくない！」との思いをもつ植物たちとは対照的で、「他の株のもつ性質などはいらない」という思いをもつ植物たちです。

「咲かない花のツボミをつくる」という思いとは？

植物たちの花粉の移動を虫に託すには、コストがかかります。きれいな色素をつくりだし、香りを漂わせ、ごちそうを準備して、虫を誘わなければならないからです。それだけのコストをかけても、他の株に咲く花と花粉のやり取りがうまくいかず、子どもが確実に

スミレの閉鎖花にできたタネ

できるとは限りません。

「そんなにコストがかかるのなら、そのコストの一部を確実に子どもをつくることにまわそう」と考えるような植物たちがいます。たとえば、スミレです。この植物には、開くことがないツボミがあります。「閉鎖花」とよばれます。

　このツボミは開くことはないのですが、ツボミの中で、いつのまにかタネができます。そのため、きれいな色素や、漂う香りをつくり、甘い蜜のごちそうを準備して、虫を誘う必要がありません。

　スミレは、閉鎖花とは別に、春にふつうの花を咲かせます。美しくきれいな色の花を咲かせ、ハチやチョウなどを引き寄せます。開いた花には他の株の花粉がついて、いろいろな性質をもつタネができます。虫に託して、他の株の花と花粉のやり取りをし、子どもづくりを目指しているのです。

　しかし、ときには「子どもをつくれるだろうか」と、心配になってくるのでしょう。閉

ホトケノザの開放花と閉鎖花

鎖花をつくりはじめます。閉鎖花は、ツボミの中で自分のメシベに自分の花粉をつけてタネをつくります。自分の花粉を自分のメシベにつけるだけなので、自分と同じ性質のタネしかできません。しかし、ハチやチョウなどに頼ることなく、確実にタネを残すことができます。

春にきれいな赤紫色の突き出した唇のような形の花が、台座の上に円を描くように咲く植物があります。シソ科のホトケノザです。この植物は、突き出した唇のような形で開いている花（開放花）とは別に、濃い赤紫色の小さな球形のツボミをつくります。これらのツボミは、いつまで待っていても開くことはありません。閉鎖花なのです。

ホトケノザも、ふつうの花を咲かす一方で、閉鎖花という開くことのないツボミをつけるのです。その中で、オシベの花粉を自分のメシベにつけることにより、タネをつくります。

もし、ふつうに咲いた花に他の株の花粉がつかずにタネができなかったとき、閉鎖花は確実に自分の子孫を生きのびさせるための保険です。きれいな花びらも、いい香りも、蜜もつくる必要はありません。ですから、この保険にはコストがあまりかかりません。

あまりコストのかからない保険をかけて生きている、植物たちがいるのです。私たち人間にも、保険嫌いの人や、高い保険代を払う保険好きの人、保険代を安く抑えることに腐心する人など、いろいろです。「人それぞれ、植物もそれぞれ」なのです。

「花粉がつかなくても、子どもをつくる」という思いを遂げる方法とは?

セイヨウタンポポでは、「花が咲くと、花粉がつかなくても、タネができる」といわれます。「ほんとうに、花粉がつかなくても、タネができるのか」との疑問がおこりますが、ほんとうに、セイヨウタンポポは、この方法でタネをつくるのです。

もし、数日以内に花が開きそうに大きく成長しているツボミを見つけたら、次の実験を

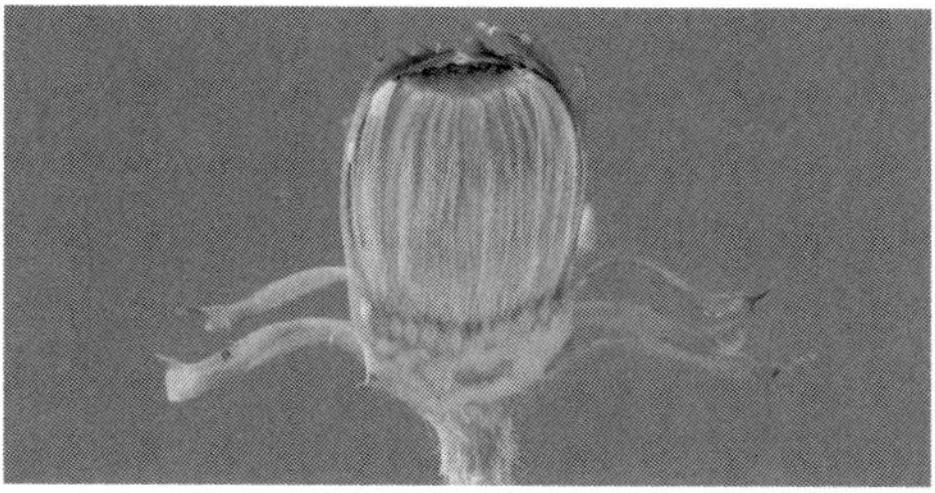

セイヨウタンポポのツボミ。この上半分を切り落としてもタネができる
写真：神津一郎／アフロ

してください。ハサミで、ツボミの上のほうの半分をばっさりと切ってしまうのです。半分ではなく、かなり下のほうで上部を切り落としても、この実験は成功します。

この植物のツボミには、約二〇〇個の開花前の花が縦にびっしりと詰まっています。花が開くと花びらが多くあるように見えますが、一枚ずつの花びらに見えるものが一つずつの花なのです。

それらの上半分からメシベが伸びだしますが、その部分を切り落とすのです。そのため、花粉を受け取るはずのメシベの先端がなくなってしまいます。ですから、花粉がつく場所がないので、タネができないはずです。

ところが、天候にもよりますが、約一〇日間が過ぎると、ツボミの上半分をハサミでばっさりと切り取ってしまったものにも、綿毛をもつ球状のものが開いてきます。上半分を切り落としたために、大きな球状の綿毛にはならないように思われます。

しかし、球状になるときには、綿毛と果実の間が伸びてくるので、大きさも、切り落とさなかったものと、ほとんど変わりません。綿毛の基部には、きちんと果実がついています。果実の中には、タネが入っています。

念のために、ツボミの上半分を切り取ってすぐに、そのツボミに袋をかけて、花粉がつかないようにしても、約一〇日間が経つと、綿毛が展開し、タネができてきます。セイヨウタンポポは、花粉がつかなくても、タネをつくるという不思議な能力をもっているのです。

虫に花粉を運んでもらわなくても、また、自分の花粉をつけることがなくても、タネができるのです。このような生殖方法は、「単為生殖」といわれます。

他には、ヒメジョオン、ドクダミなどが、この性質を身につけています。「花粉がつかなくても、子どもをつくる」という思いを遂げる方法が、単為生殖なのです。

「花に頼らなくても、子どもを残す」という思いを遂げる方法とは？

すべての生物は、新しい個体をつくり、命をつなぎます。この現象は、「生殖」とよばれます。生殖の様式には、オスとメスという性がかかわる有性生殖と、性がかかわらないで個体が生まれる無性生殖があります。

多くの植物たちは、花を咲かせ、花粉をメシベにつけて、子ども（タネ）を残します。そのため、オシベで花粉をつくった個体と、メシベをつくった個体がもっていた性質が混ぜ合わされて、いろいろな性質の子どもが生まれます。

植物にとって、いろいろな性質の子どもがいると、さまざまな環境の中で、どれかの子どもが生き残る可能性が高くなるので、有性生殖で子どもができるほうが好ましいのです。

しかし、有性生殖で増えるためには、必ず相手が必要です。植物の場合だと、有性生殖で増えるためには、風や虫、鳥や水などが、花粉を運んでくれなければ、子どもを残すことができません。

一方、オシベとメシベという性が関与しない無性生殖で、子どもを残す植物たちがいます。この生殖方法では、自分のからだの一部から個体が生まれるので、親と同じ性質の分身が生まれるにすぎません。

そのため、「暑さに弱い」「寒さに弱い」「ある病気にかかりやすい」というような遺伝的な性質は変化せず、親から子どもへ伝わります。無性生殖は、同じような性質の子どもしか残らないので好ましくはありません。

イチゴのランナー

ただ、無性生殖では、相手が必要ないので、自分だけで子どもをつくり、確実に、次の世代へ命をつないでいくことができます。ですから、無性生殖は、有性生殖に保険をかけるような生殖方法といえます。

無性生殖の一つが、球根で増えることです。チューリップは、球根から栽培します。でも、タネができないわけではありません。タネで栽培することも可能です。タネをつくることで、いろいろな性質の子どもをつくり、球根でも子孫を残すのです。

イチゴは、無性生殖で増やされます。イチゴが栽培されているところを見ると、イチゴの根もと付近から横向けに茎のようなものが伸びてきます。「ランナー」というものです。日本語では、「地面を這うように伸びていく茎のようなもの」という意味で、「匍匐《ほふく》茎《けい》」とか、「匍匐枝《ほふくし》」とよばれます。その先に芽ができ、根ができています。

イチゴの栽培は、これを株としてはじめます。その株からは、また、ランナーが伸びて、芽ができ、根ができます。一本のランナーで、三株から四株くらいの株ができます。一株のイチゴは、四、五本のランナーを出します。だから、一株の親から一二〜二〇株くらいの株が得られます。

ジャガイモの食用部であるイモの部分から芽が出て、新しい個体が生まれるのは、無性生殖です。また、サツマイモの食用部であるイモの部分から芽が出て、新しい個体が生まれるのも、無性生殖です。

ジャガイモやサツマイモも、花を咲かせて、タネをつくることはできます。親と同じ性質の分身が生まれるにすぎませんが、無性生殖で命をつなぐときには、花に依存しませんから、花を咲かせる必要はないのです。

植物たちは、「花粉がつかなくても、子どもをつくる」という思いを遂げるために、無性生殖という方法を身につけているのです。

第三章

からだを守り、命をつなぐための心意気

動物が動きまわらねばならない理由の一つ目は、「自分が生きるために、食べものを得るため」です。二つ目の理由は、「子どもを残すための相手を求めているから」です。これらの理由のために、植物が動きまわる必要がないことは、ここまで紹介しました。

動物が動きまわらねばならない三つ目の理由は、いろいろな局面がありますが、いずれも、自分のからだを守るためです。それに対して、植物たちは、動きまわることなく、暑さや寒さをしのぎ、紫外線からからだを守らなければなりません。

暑さや寒さ、紫外線と戦うために、植物たちは、どのような性質やしくみをもち、どのような工夫を凝らしているのでしょうか。本章では、このような、植物たちのからだを守るための性質やしくみ、工夫を紹介します。

(一)「暑さや寒さに打ち勝つ！」という心意気

「花を咲かせ、タネをつくる」ときの思いとは？

寒い冬が過ぎると、暖かい春の訪れを待っていたかのように、多くの草花が、花を咲かせます。「なぜ、春に、多くの植物が花を咲かせるのか」との疑問が浮かびます。「花を咲かせるのに、ちょうどいい暖かさになってきたから」とか「ハチやチョウなどの虫が活動をはじめるから」のように思われがちです。

でも、それは、草花たちの心を誤解しています。草花が花を咲かせるのは、タネをつくるためです。ですから、「なぜ、春に、多くの草花が花を咲かせるのか」という疑問は、「なぜ、春に多くの草花はタネをつくるのか」という疑問に置き換えられます。

タネには、いろいろの大切な役割があります。その中の一つは、不都合な環境に耐えて生きのびることです。タネは、植物の姿では耐えられない、暑さや寒さ、乾燥などの不都合な環境を耐え忍ぶ力をもっているのです。

春に花咲く草花にとっては、毎年訪れる不都合な環境は、夏の暑さです。そのため、暑さに弱い草花は、夏の暑い期間をタネで過ごすために、春にツボミをつくって花を咲かせ、タネをつくり、姿を消していきます。

夏には、緑の植物が多いので、姿を消した植物は目立ちません。しかし、ナノハナやチューリップ、カーネーションなど、春に花咲いていた多くの草花は、夏に見つけることはできません。

「なぜ、春に、多くの草花が花を咲かせるのか」という問いに対しては、「植物たちは、夏の暑い期間をタネで過ごすために、春にツボミをつくって花を咲かせ、タネをつくるのです」が答えです。すなわち、春に、多くの草花が花を咲かせる理由は、「春が暑い夏の前だから」なのです。

このことをよく理解すると、大きな疑問が浮かびます。「春に花咲く草花は、春の間に、もうすぐ暑くなることを知っているのか」という疑問です。その答えは、「知っている」です。

その答えを知ると、次の質問は決まってきます。「どのようにして、草花は、春に、夏の暑さの訪れを前もって知るのか」というものです。その答えは、「葉っぱが夜の長さをはかるから」です。

「夜の長さをはかれば、暑さの訪れが前もってわかるのか」という疑問が続きます。その答えは、「わかる」です。夜の長さと、気温の変化の関係を考えてください。

冬から春に向かって、夜がだんだんと短くなりはじめます。夜がもっとも短くなるのは、夏至の日です。この日は、六月の下旬です。それに対し、もっとも暑いのは八月です。夜の長さは、気温の変化より、約二カ月早く変化しているのです。

ですから、草花たちは、葉っぱで夜の長さをはかることによって、暑さの訪れを、約二カ月前に知ることができるのです。春に花を咲かせる草花だけでなく、秋に花を咲かせるキクやコスモスなどの草花も、同じ生き方をしています。

「なぜ、秋に、多くの草花が花を咲かせるのか」と考えてください。その答えは、「秋は、寒い冬の前だから」です。秋に花を咲かせるキクやコスモスなどの草花は、秋に続いて訪れる冬の寒さに弱いのです。ですから、これらの草花は、冬の寒い期間をタネで過ごすために、秋に花を咲かせて、タネをつくるのです。

ということは、「秋に花咲く植物は、秋の間に、もうすぐ寒くなることを前もって知っている」ことになります。では、秋の間に、どのようにして、植物はもうすぐ寒くなることを前もって知るのでしょうか。

この疑問に対する答えは、春に花を咲かせる草花と同じように、「葉っぱで夜の長さをはかるから」です。夜の長さは、六月下旬の夏至の日を過ぎて、だんだんと長くなります。夜の長さがもっとも長くなるのは、冬至の日です。これは、一二月下旬です。それに対し、冬の寒さがもっともきびしいのは、二月ごろです。夜の長さの変化は、寒さの訪れより、約二カ月先行しています。

草花たちは、夜の長さをはかることによって、寒さ、暑さの訪れを前もって知り、花を咲かせてタネをつくり、暑さ、寒さを耐え忍んで生きているのです。植物たちの「花を咲かせ、タネをつくる」という思いとは、「タネになって、暑さや寒さに負けずに打ち勝って、生きていこう」ということなのです。

「植物は、ほんとうに、夜の長さを感じてツボミをつくり、花を咲かせるのか」との疑問があるかもしれません。しかし、これは簡単な実験で確かめることができます。

アサガオのタネが発芽して二枚の葉が展開した、ふた葉の芽生えが植えられた二鉢を準備し、一日中、電灯で照明し続けて育てます。アサガオは、長い夜を感じるとツボミをつくり、花を咲かせる植物です。ですから、一日中、電灯で照明し続けて育てると、ツボミをつくることはありません。

ある日、片方だけにダンボール箱をかぶせて夕方から朝まで長い夜の暗黒を与えます。その後、再び両方とも、電灯を照明し続けた場所で育てます。だから、一回の長い夜を与えられただけなのです。

それでも、数週間が経過すると、一回だけダンボール箱をかぶせられたほうだけが、花を咲かせます。長い夜を感じてツボミをつくり、花を咲かせるのです。ダンボール箱をかぶせられた経験のないアサガオのほうは、ツボミをつくりませんから、花を咲かせません。

この実験で、「植物は、ほんとうに、夜の長さを感じてツボミをつくり、花を咲かせるのか」との疑問は解決します。

春に花を咲かせる草花も、秋に咲かせる草花も、花を咲かせるのは、タネをつくるためなのです。そして、タネをつくって、姿を消します。ということは、花を咲かせるのは、これらの草花たちにとっては、生涯の終わりの終活なのです。

私たちが、花を咲かせる草花たちは、その季節を喜んで謳歌《おうか》していると感じて、花を見ている気持ちと、草花たちが、終活として花を咲かせているときの思いは、ちょっと違うかもしれません。

人の心を知ることがむずかしいことは、私たちはよく経験します。しかし、植物たちの心を知ることは、もっとむずかしそうです。

だからといって、私たちが、草花たちの花を見て、さびしい気持ちになることはないでしょう。花を咲かせてタネをうまくつくった草花たちは、「また、来年、私たちの子どもが元気に花を咲かせますよ」と励ましてくれているようにも思えるからです。

暑さの中で、汗をかく植物の思いとは？

近年、温暖化が進行しているためか、夏の猛暑がすごいです。最高気温が三五度を超える「猛暑日」や三〇度を超える「真夏日」が増えています。そのため、毎年、炎天下で、強い太陽の光と暑さのために、多くの人が「熱中症」になります。

ものすごい猛暑の中で、多くの植物たちも、夏の強い日差しと暑さに悩んでいるでしょう。でも、私たちが心配しなければならないほど、夏に育つ植物たちは、猛暑に困ることは少ないはずです。なぜなら、猛暑にほんとうに困るような植物たちは、夏の暑さが来る前の春に花を咲かせ、暑さに耐えられるタネをつくって、すでに枯れ、夏には、姿を消しているからです。

一方、夏の暑さの中で、タネではなく、緑に輝く姿で繁茂《はんも》している植物たちは多くいます。これらの植物たちの多くは、暑い地域の出身なのです。たとえば、アサガオの原産地は、熱帯アジアです。オシロイバナは熱帯アメリカ、ニチニチソウは西インドがそれぞれ原産地です。ホウセンカの原産地は、東南アジアです。

花木類では、キョウチクトウの原産地はインドです。サルスベリは中国南部の暑い地方、ハイビスカスは熱帯の暖地がそれぞれ原産地です。野菜では、スイカはアフリカ、キュウリはインド、ニガウリやヘチマは熱帯アジア、オクラはアフリカ、ナスはインドがそれぞれ原産地です。

ですから、夏の暑さの中で、繁茂している植物たちは、本来、夏の暑さに強い植物たちなのです。そのため、熱中症になることを心配するよりは、むしろ、太陽の強い光と暑さを喜んでいるでしょう。

それらの植物たちにとっては、夏は暑いからこそ、価値がある季節なのです。そのため、夏に、果実を実らせるものが多くあります。畑や家庭菜園では、ナス、トマト、キュウリ、ピーマン、カボチャ、スイカなど、多くの野菜が実っています。それらの植物たちにとっては、夏は「実りの季節」なのです。

夏に繁茂している植物たちは暑い地方の出身であるため、夏の暑さに強いことは理解できます。しかし、暑い地方の出身だからといっても、夏に繁茂するためには、暑さに耐えるしくみが必要です。

真夏の炎天下、海岸や砂浜に自動車を数時間止めておくと、車体の表面は、手で触れるとやけどをしそうになるくらい熱くなります。一方、その自動車のそばで、同じように、太陽の光を受けている植物の葉っぱは、手で触れても熱くありません。「なぜ、葉っぱは熱くないのか」との不思議が浮上します。

植物は、光合成に使う光を受けるために、葉っぱを広げています。そのため、強い日差しを受けた葉っぱは、熱を吸収して、温度が高くなるはずです。しかし、葉っぱは熱くなってはいけません。

葉っぱでは、光合成を進めるために、多くの酵素という物質がはたらいています。酵素はタンパク質であり、温度が高くなるとはたらかなくなる性質があります。すると、光合成ができませんから、温度が高くなりそうになると、葉っぱは必死に抵抗します。

その方法は、汗をかくことです。葉っぱの表面から水をさかんに蒸発させるのです。水が蒸発するときには、葉っぱから熱を奪っていくので、葉っぱの温度が下がります。人間が汗をかいて体温の高まりを抑えるのと同じです。

植物たちは、自分のからだを冷やすという「冷却能力」をもっているのです。太陽の強い光を受けている葉っぱは、水を蒸発させて、からだの温度を冷やしているのです。植物たちが、夏の暑さの中で、懸命に汗をかくときの願いは、葉っぱの温度を下げることなのです。

「植物たちは、汗をかいて、からだを冷やしている」といっても、葉っぱが汗をかく姿は見られません。葉っぱの汗は、葉っぱの表面から水蒸気となって蒸発するので、ふつうには、目に見えないのです。でも、見ようと思えば、葉っぱの汗を見ることができます。

太陽の光が当たっている鉢植えの植物の葉っぱに、薄いビニール袋をかぶせ、袋の口を紐でしばっておけばよいのです。太陽の光が強いときなら、二〇～三〇分経てば、袋の内側一面に小さな水滴が現れます。これが葉っぱの汗なのです。

緑の葉っぱが家の窓や壁を覆うように育てたものは、「緑のカーテン」といわれます。アサガオ、ニガウリ、ヘチマなど、葉っぱが比較的大きくて、旺盛《おうせい》に成長する植物が使われます。

緑のカーテンは、太陽の光が窓から室内に入り込んだり、家の壁を直射したりするのを防ぎます。その結果、室内の温度の上昇を抑えることができます。ひと昔前には、「すだれ」が日陰をつくり、風通しを良くし、人目を遮《さえぎ》る効果があったのと同じです。

といっても、緑のカーテンは、すだれと異なり、葉っぱが生き生きとしていて景観的に美しく、気持ちを癒やしてくれます。また、緑のカーテンでは、栽培を楽しむことができます。ニガウリやヘチマでは収穫も期待でき、アサガオでは花も楽しめます。

それだけではありません。葉っぱは光合成のために二酸化炭素を吸収するので、大気中の二酸化炭素濃度の増加を防ぐのに貢献し、大げさに言えば、地球の温暖化防止の効果も期待できます。

それらに加えて、緑のカーテンがすだれともっとも違うのは、個々の葉っぱが、汗をかいて熱を発散させ、冷却する能力があることです。そのため、その冷却効果で、緑のカーテンは、すだれより、室内をずっと涼しくします。

寒さに耐える樹木の思いとは?

冬の寒さに弱い草花は、冬の寒い期間をタネで過ごすために秋に花を咲かせ、タネをつくります。しかし、冬の寒さの中でも、タネにならずに過ごす植物たちがいます。越冬芽《えっとうが》

（冬芽《とうが》）といわれる硬い芽で、冬の寒さを過ごす樹木です。硬い越冬芽をつくって、冬の寒さを過ごすのは、春に花を咲かせる、多くの花木類です。

「春に花咲く花木のツボミは、いつできるのか」という疑問があります。多くの方が意外に思われますが、「多くの春咲きの樹木は、開花する前の年の夏までに、遅くても、秋までに、ツボミをつくります」が答えです。

たとえば、モクレンは五月、サクラやサツキツツジ、クチナシやハナミズキは七月、ウメやモモ、ボケは八月などのように、春から初夏にかけて花咲く代表的な花木は、秋には、ツボミをつくり終えているのです。

夏にツボミができることを知ると、「なぜ、秋に花が咲かないのか」という不思議が生まれます。これに対し、「秋は寒いから」と考える人がいるかもしれません。しかし、「秋は寒い」という印象があるのは、その前の季節である夏が暑いので、それに続く秋は寒く感じるからです。春が暖かいと感じるのは、その前の季節である冬が寒いからです。実際には、春と秋の温度は、ほとんど同じです。

ですから、春に暖かい温度のために花が咲くのなら、夏にできたツボミが秋に花咲いてもおかしくありません。夏にできたツボミが、秋に咲かないのは、「秋は寒いから」という理由ではないのです。

「もし秋に、これらの樹木が花を咲かせば、どうなるか」と考えてください。夏にできたツボミがそのまま成長して秋に花咲いたとしたら、すぐにやってくる冬の寒さのために、タネはつくられません。とすると、子孫を残すことができません。

もしそうなると、種族は滅んでしまいます。植物たちは、そのようになることを望んでいません。花を咲かせるのは、子ども（タネ）を残すためです。開花を徒労に終わらせないために、樹木は秋に花を咲かせないのです。

そこで、樹木は、せっかくつくったツボミを無駄にしないために、秋に、ツボミを包み込む「越冬芽」をつくります。ツボミは、越冬芽の中に包み込まれて守られ、冬の寒さに耐え、花咲く春を待つのです。

「秋に花が咲いたとしたら、すぐにやってくる冬の寒さのために、タネはつくられません」といっても、「秋に、花

モクレンの越冬芽

を咲かせる植物は多くあるではないか」との疑問が残ります。たしかに、秋に花を咲かせる植物は、多くあります。代表的なのは、キクやコスモスです。「キクやコスモスは秋に花を咲かせるのに、なぜ、種族は滅んでいないのか」と不思議に感じられます。

たしかに、キクやコスモスなどは、夏から初秋にかけて、ツボミをつくり、秋に花を咲かせます。しかし、キクやコスモスなどの草花は、花を咲かせてタネをつくるまでの期間が短いのです。そのため、秋に花を咲かせても、冬の寒さがくるまでに、タネをつくり終え、子孫を残すことができるのです。

一方、樹木が花を咲かせてタネをつくるのには、月日がかかります。秋に花を咲かせると、冬の寒さがくるまでにタネがつくり終えられないのです。そのため、秋に花を咲かせないしくみを備えています。それが、「越冬芽」をつくり、その中にツボミを包み込んでしまうことです。寒さに弱い樹木が、春に花を咲かせるために寒さに耐える思いは、越冬芽に託されるのです。

越冬芽は冬の寒さをしのぐためのものですから、秋につくられねばなりません。とすると、越冬芽をつくる樹木は、秋の間に、冬の寒さがまもなくやってくることを知っていることになります。「どのようにして、秋に、樹木は寒さがくることを知るのか」との不思議が浮上します。

その答えは、「葉っぱが、夜の長さをはかるから」なのです。では、葉っぱが夜の長さをはかれば、冬の寒さの訪れを前もって知ることができるのでしょうか。これに対する答えは、「できる」です。

夜の長さは、気温より、早く変化するからです。夜の長さは、秋に向かって、長くなり、一二月下旬の冬至の日に、もっとも長くなります。それに対して、寒さがもっともきびしいのは、二月ころです。ですから、葉っぱが夜の長さをはかれば、冬の寒さの訪れを先取りして知ることができ、越冬芽をつくって準備できるのです。

植物たちは、季節の訪れを、気温の変化で知ると思われがちです。でも、越冬芽をつくるためには、夜の長さの変化で、冬の寒さの訪れを知るのです。気温の変化でなく、夜の長さの変化で、越冬芽をつくる季節を知る利点は、三つあげることができます。

一つ目は、前述したように、夜の長さをはかっていれば、前もって、冬の寒さの訪れを予知できることです。夜の長さの変化は、気温の変化より、ほぼ二か月先行しています。そのため、実際の寒さが来るまでに、越冬芽をつくる準備期間があるということです。

二つ目は、夜の長さは、年ごとに変化せずに、規則正しいことです。それに対し、気温の変化は、年により、異なります。たとえば、秋、遅くまで暖かく、急に冷え込むような年があります。樹木は、その急激な気温の変化に合わせて、越冬芽を敏速《びんそく》につくることはできません。夜の長さを指標にしていると、そのようなことはないのです。

三つ目は、夜の長さの変化は意外と大きいことです。夜の長さが季節によりかなり大きく変化することは、夕方七時ころでもまだ明るい夏に比べ、五時ころには真っ暗になる冬を思い浮かべると、理解できます。

植物たちは、生き抜いてきた長い歴史の中で、秋の気温は、年ごとに異なることを経験的に知っているのです。ですから、「冬の寒さの訪れを知るのを気温の変化に頼っていては、裏切られてしまう」と思っているのでしょう。

冬の寒さの訪れを、年ごとに変化せずに、前もって知らせてくれる、わかりやすい指標をとして、夜の長さの変化が選ばれたのでしょう。

「夜を感じるのは、葉っぱです。でも、越冬芽がつくられるのは、芽の部分です。長い夜を感じた葉っぱから、何かの合図が送られなければ、芽は越冬芽になれません。どのようにして、合図が伝わるのでしょうか」との疑問が残ります。これについては、第五章の「葉っぱから芽に送られる合図とは？」（189ページ）で紹介します。

寒さの中で、緑に輝く樹木の思いとは？

秋になると、多くの種類の樹木の葉っぱは枯れ落ちます。ところが、秋にも枯れずに、冬のきびしい寒さの中で、葉っぱが緑に輝き続ける樹木があります。マツやスギ、モミなどです。これらは「常緑樹」といわれます。

「なぜ、これらの樹木の葉っぱは、冬の寒さに出会っても枯れずに緑色のままでいられるのか」との不思議が浮上します。

昔の人々は、冬の寒さの中で枯れずに緑色のままでいる姿を「永遠の命」の象徴と感じて、マツやスギ、モミなどの樹木を崇めてきました。しかし、近年は、一年中、緑の葉っぱをつけている、常緑樹とよばれる樹木は身近に多くあります。ツバキやサザンカ、キンモクセイなどです。

近年、常緑樹が私たちの身近に多くあって、見慣れているためか、「冬の寒さの中で、どうして、緑の葉っぱのままで過ごせるのか」と、いつもは不思議に思われていそうにありません。そこで、あえて、「なぜ、冬に、常緑樹の葉っぱは緑色のままでいられるのか」と質問してみると、多くの場合、答えが即座に返ってきます。

その答えは、「寒さに強いから」というものです。たしかに、この答えは間違いではないのですが、きわめて物足りません。なぜなら、この答えは、これらの樹木が寒さに耐えるためにしている努力に触れられていないからです。

寒さに強い植物も、何の努力もなしに、寒さに強いわけではありません。あらゆる現象には、しくみがあるのです。寒さに強い植物も、そのためのしくみをもっていなければなりません。「私たちも、寒さに備えて、準備しているのですよ」という、植物たちのつぶやきが聞こえてきそうです。

たとえば、常緑樹であっても、夏の緑の葉っぱは、冬のような低い温度にさらされると、凍って枯れてしまいます。しかし、冬の寒さにさらされている緑の葉っぱは、冬の低温で凍ることはありません。

緑色の葉っぱは、冬でも、太陽の光を受けて栄養をつくる光合成という働きをしています。この働きをするためには、冬の寒さで凍ってはいけないのです。そのため、冬の寒さにさらされても凍らない性質を身につけていなければなりません。

ということは、一年中、同じ緑色のままであっても、冬の寒さに向かって、葉っぱは、冬に凍らない性質を身につける努力をしているのです。そこで、「どのような努力をしているのか」との疑問が浮かびます。

これらの葉っぱは、冬に向かって、葉っぱの中に、凍らないための物質、たとえば、「糖分」を増やします。糖分は、甘みをもたらす成分で、「砂糖」の仲間と考えて差し支《つか》えありません。

冬に向かって、葉っぱが糖分を増やす意味は、砂糖を溶かしていないただの水と、その水に砂糖を溶かした砂糖水とを冷凍庫に入れて、どちらが凍りにくいかを試せば、わかります。砂糖水のほうが、凍りにくいのです。そして、溶けている砂糖の量が多くなれば多くなるほど、ますます凍りにくくなります。

つまり、葉っぱの中の水分に糖分が多く含まれるほど、葉っぱの凍る温度が低くなるのです。これは、「純粋な液体は、揮発しない物質が溶け込めば溶け込むほど、固体になる温度が低くなる」という、「凝固点降下《ぎょうこてん》」という現象です。

葉っぱに含まれる水の中に糖分が多く含まれれば含まれるほど、葉っぱの中の液の凍る温度が低くなるのです。そのため、糖分を増やした葉っぱは、冬の寒さで凍らずに、緑のままでいられるのです。

実際には、冬に向かって、糖分だけでなく、ビタミンやアミノ酸などの物質も葉っぱの中の水分に多く溶け込みます。溶ける物質が多くなればなるほど、それらによる凝固点降下の効果により、ますます凍りにくくなります。

冬の寒さを緑の葉っぱのままで過ごす樹木たちは、こんな原理を知って実践していることになります。外から見れば、「寒さに強いから、一年中、何の変化もなく、ずっと緑色をしている」と思われがちな常緑樹の葉っぱは、寒さに耐えるための工夫を凝らしているのです。そのためのしくみを身につけているのです。

冬の寒さを緑のままで過ごす植物たちは、葉の中に糖分などを増やすという方法で、寒さに耐えて生きていることを知ると、一つの疑問が浮かびます。それは、「糖分やアミノ酸、ビタミンなどが多く溶けているのなら、冬の緑の葉っぱは、甘くて栄養があるのか」ということです。

たしかに、これらの物質は多く含まれているのですが、植物たちは、動物に葉っぱを食べられたら困ります。そのため、苦みやえぐみのある物質などが含まれています。ですから、「冬の樹木の葉っぱは、糖分が増えて、ほんとうに甘くなっているのか」という疑問をもって、実際に確かめようとは思わないでください。

樹木の葉っぱには、動物に食べられるのを防ぐために、有毒な物質が含まれていることが多くあるからです。もし、葉っぱを食べたりかじったりすれば、嘔吐《おうと》したり、下痢《げり》をしたりすることがあるでしょう。ひどい場合には、めまいや意識を失う中毒症状が表れるかもしれません。

寒さの中で、緑に輝く樹木たちは、「『凝固点降下』という現象を利用しつつ、動物たちに食べられないようにと防御にも努めなければならない」という思いで、冬を過ごしているのです。

寒さに耐える野菜の思いとは?

冬の寒さの中で緑に輝き続ける葉っぱがもつしくみは、「寒さに耐えるために、葉っぱの中に糖分やアミノ酸、ビタミンなどの物質を増やす」というものです。このしくみは、樹木だけでなく、冬の寒さに耐える多くの植物に共通のものです。

ですから、「ほんとうに、冬の緑の葉っぱは、甘くて栄養があるのか」との疑問をもたれたら、寒さを越えた野菜を味わってください。寒さを越える野菜も、樹木の葉っぱと同じように、糖分などを増やして、冬の寒さをしのいでいるのです。

冬の寒さを乗り越えてきた野菜、ダイコンやハクサイ、キャベツやニンジンなどは、「甘い」とか「旨い」といわれます。樹木と同じように、寒さを越える野菜は、冬の寒さで凍らないように、糖分やアミノ酸、ビタミンなどを増やして、甘みや旨みを高めているのです。
「寒《かん》じめホウレンソウ」というのがあります。このホウレンソウは、冬に、暖かい温室で栽培されています。ところが、出荷前に、わざわざ一定期間、温室の中に冬の寒風が吹き入れられ、ホウレンソウは寒さにさらされます。糖分を増やし、甘みを増すことが目的です。

また、冬に出荷されるコマツナは、温室で栽培されたものです。これも、「寒じめホウレンソウ」と同じように、出荷前に、わざわざ一定期間、温室の中に冬の寒風が吹き入れられ、寒さにさらされます。それによって、甘みが増えます。それが、「寒じめコマツナ」とよばれるものです。

東北地方では、「雪下《ゆきした》ニンジン」とよばれるニンジンが、早春に出荷されます。これは、秋に収穫されずに、冬の寒い間、雪の下に埋められて過ごしてきたニンジンです。とても甘く、「糖度は、ふつうのニンジンの約二倍になる」などといわれます。

秋に収穫されたクリの実は、収穫された直後の元気な間に、一か月ほど、たとえば、四度という低い温度で貯蔵されることがあります。こうすることで、「甘みが数倍増す」などといわれます。「クリの実は、生きている」と表現される所以《ゆえん》です。

凝固点降下の原理を利用して、冬の寒さに耐えるというしくみは、多くの植物に共通のものです。冬の寒さに出会わねばならない地域に生きる植物たちは、温かい地域へ移動することなく、冬の寒さをしのぐための術を心得ているのです。そのおかげで、植物たちは、冬の寒さを避けて動きまわる必要がないのです。

私たちは、冬の野菜を味わうときに、その野菜たちの気持ちを感じることはありません。でも、それらの野菜たちの冬の「甘い」とか「旨い」という味は、「私たちは、寒さに耐えるという巧みな術をもっているのですよ」と自慢げに誇示しているものなのかもしれません。

寒さを〝踏み台〟にして、春を迎える植物たちの思いとは？

一昔前、冬の田園地方で見られる風物詩に、「麦踏み」というのがありました。麦踏みというのは、寒風の吹きすさぶ麦畑の中で、栽培する人が発芽したばかりのムギの芽生えを足で踏みつけていくのです。近年、人が麦踏みをする姿は見かけなくなりました。

そのため、この言葉は死語になりつつあるように思われがちです。しかし、今でも、ムギが栽培されている畑では、冬に、麦踏みは行われていません。近年は、人の代わりに、トラクターが麦踏みに使われ、ローラーを牽引するなどしてムギを踏みつけているのです。

秋にタネをまいて、芽生えてきた芽を、冬に、踏みつけるのですから、「なぜ、ムギの芽生えを踏みつけるのか」と不思議に思われるかもしれません。「霜柱《しもばしら》が立つとき、芽生えの根が切れないようにするため」とか、「踏みつけることで、春に強い芽生えになるように」などといわれます。

ムギには、コムギやオオムギなどの種類があり、これらには、秋にタネをまく秋まき性の品種があります。これらの品種は、秋にタネがまかれると、翌年の春に花が咲き、初夏に結実して収穫されます。しかし、秋に発芽するので、冬の間に、麦踏みをしなければならないのです。

「寒い冬に、ムギをわざわざ踏みつける作業をしなければならないのなら、なぜ、秋ではなく、春にタネをまかないのか」との疑問が浮かびます。「寒い冬には、そんなに成長しないのだから」との思いがあります。

ところが、それでは駄目なのです。秋まき性の品種のタネを春にまいても、芽が出て、その芽生えは成長します。ところが、ツボミがいつまでもできないのです。ですから、花は咲きません。ということは、ムギが実りません。

秋まき性のムギは、成長したあとにツボミをつくるためには、発芽したばかりの芽生えが、冬の寒さを感じることが必要なのです。芽生えが冬の低温を感じて、ツボミをつくれるような状態になることは、「春化《しゅんか》（バーナリゼーション）」といわれ、そのような低温を与えることは「春化処理」とよばれます。

春化とは、「植物が、冬の寒さを一定の期間にわたって、体感したあとで、夜が短くなるのを感じるようになり、ツボミをつくり、花を咲かせるようになる」という性質なのです。植物が、幼いときに冬の寒さにさらされたという体験を、成長してツボミをつくるときまで覚えていることになります。まるで、植物に、幼いときの出来事を記憶する能力があるかのような現象です。

コムギやオオムギだけでなく、春化されなければ、春に花が咲かない植物は多くあります。ダイコンやキャベツ、ハクサイ、ニンジン、タマネギなどの野菜や、スミレ、サクラソウ、ストックなど春咲きの植物です。

春に花を咲かせる植物たちの多くが、冬には寒さに耐えているだけでなく、春に〝ひと花咲かせる〟ために、冬の寒さの中で、がんばって準備しているのです。

冬の寒さに耐えている植物たちには、「冬は寒いので、成長もせず、凍えるように寒さに耐えている」という印象をもたれます。しかし、実際には、耐えているだけではなく、春の活動の準備をしているのです。

春の訪れを心待ちにして、冬の寒さに耐えている多くの植物たちにとって、寒さは、春の活動に飛び出すための〝踏み台〟なのです。

（二）「紫外線に負けない！」という心意気

「紫外線対策をしているよ」と誇らしげな植物たち

講演会などで、私は「植物の命は、私たち人間の命と比べると、取るに足らぬ小さなものと思われがちです。しかし、植物たちは、私たちと同じしくみで生きています。また、同じ悩みももっています。そして、その悩みを解くために、日々、がんばっています」と話をすることがあります。

「植物たちは、私たちと同じしくみで生きています」ということは、あまり疑問に思われません。私たちも、植物たちも、呼吸をし、食べものを食べてエネルギーを得て、生きていることが知られているからでしょう。

しかし、「私たち人間と植物たちの〝同じ悩み〟とは何ですか」と問われることが多くあります。同じしくみで生きているのですから、同じ悩みは、いろいろありますが、多くの場合、次のような話をします。

太陽の光を利用して光合成をする植物の祖先は、約三十数億年前に、海の中に生まれました。それから、植物の祖先たちは、海の中で暮らしながら、空に明るく輝く太陽を眺めていました。

海の中では、陸上のように強い光は当たりません。そのため、植物の祖先たちは、海の中から、空に明るく輝く太陽を見て、陸上に降り注ぐ多くの光をうらやましく思っていたはずです。

植物の祖先たちは、「もし、陸上へ上がれたら、太陽の強い光を浴びて、多くの光合成をすることができる。多くの光合成ができれば、その産物を利用して、旺盛に成長し、繁殖力も大きく、多くの子孫を残すことができ、種族として繁栄できる」と思い、陸に上がり、豊富な太陽の光を利用する生活にあこがれていたはずです。

そして、約四億七〇〇〇万年前に、植物の祖先たちは、海から上陸を果たしました。希望に満ちた上陸でしたが、陸上での生活をはじめると、あこがれていた太陽は、植物たちにやさしくなかったのです。

海の中では、植物たちは気づかなかったのですが、太陽の光には、光合成に役に立つ光以外に、有害な紫外線が多く含まれていたのです。海の中にいるときには、海の水が紫外線を吸収してくれていたので、太陽の光に有害な紫外線が含まれていることに気がつかなかったのです。

紫外線が有害であることは、よく知られています。たとえば、私たち人間にとっては、シミやシワ、白内障の原因になり、もっとひどい場合には、「皮膚ガンをひきおこす」きっかけになります。

ところが、現在、植物たちは、太陽の紫外線がガンガンと降りそそぐ中で暮らしています。そんな中で、植物たちは、日焼けもせずに、すくすく成長し、美しくきれいな花を咲かせ、果実やタネをつくります。

そんな植物たちの姿を見ていると、「紫外線は、人間には有害であるけれども、植物たちにはやさしいのではないか」と思えます。しかし、それは私たち人間の〝ひがみ〟です。紫外線は、私たち人間にも植物たちにも、同じように有害なのです。

紫外線は、植物であろうと人間であろうと、からだに当たると、「活性酸素」という物質を発生させるのです。活性酸素は、「老化を急速に進める」、「生活習慣病、老化、ガンの引き金になる」などといわれます。

活性酸素とは、からだの老化を促し、多くの病気の原因となる、きわめて有毒な物質なのです。しかし、それらの姿を見ることはできません。でも、それらの有毒な性質を目にすることはできます。

代表的な活性酸素が、過酸化水素です。「オキシドール（商品名オキシフル）」という消毒液があります。けがをしたとき、傷口にこの液をかけます。傷口の細菌は死に、傷口が消毒されます。「消毒」という言葉を使うと、私たちにはやさしい物質のような感じがしますが、「消毒」とは、黴菌《ばいきん》を殺すことなのです。

オキシドールの殺菌力は、活性酸素である過酸化水素の働きなのです。オキシドールには、過酸化水素がわずか三パーセント含まれているだけで、細菌を殺す毒性があるのです。

このように、活性酸素は、ひどく有害な物質なのです。紫外線がからだに当たれば、有害な活性酸素がからだに発生します。ですから、自然の中で、植物たちが紫外線に当たりながら生きていくためには、からだの中で発生する「活性酸素」を消去しなければなりません。

そのために、植物たちは、活性酸素を消し去る働きをする「抗酸化物質」とよばれるものをからだの中につくります。抗酸化物質の代表は、ビタミンCとビタミンEです。私たちは、ビタミンCやビタミンEを栄養として摂取する大切さをよく知っています。そして、それらが植物たちのからだに含まれていることを認識しています。だから、それらを含んだ野菜や果物を積極的に食べます。

ビタミンCは、カキやイチゴ、レモンなどに多く含まれています。ビタミンEは、アーモンド、ピーナッツ、カボチャなどに多く含まれています。これら以外の多くの植物たちもビタミンCやビタミンEを多かれ少なかれもっています。

私たちは、どの野菜や果物が、多くのビタミンCやビタミンEをもっているかをよく知っています。しかし、「なぜ、植物たちのからだの中に、ビタミンCやビタミンEが含まれているのか」と考えることは、あまりありません。

これらの物質は、植物たちにとって、紫外線が当たると発生する活性酸素の害を防ぐために必要なのです。植物たちは、自分のからだに当たる紫外線の害を消すために、これらのビタミンをつくるのです。

私たち人間と植物たちとの〝同じ悩み〟とは、からだに活性酸素が発生することです。人間の場合、紫外線だけでなく激しい呼吸をしているので、そこからも活性酸素が生まれます。その悩みを解くために、私たちは、植物たちが自分のからだを守るためにつくる物質を利用させてもらっているのです。

植物たちと私たちとは、同じしくみで生きており、その命はつながっています。だからこそ、同じ〝悩み〟をもち、その悩みを克服しようと、私たちも植物たちもがんばって生きているのです。

植物たちからは、「私たちの紫外線対策が、人間の健康を守ることに役立っているのですよ」と誇らしげな声が聞こえてきそうです。一方で、私たちは、植物たちの力に守られて生きていることに感謝しなければなりません。

逆境に負けずに魅力的になる植物たちの思いとは？

「なぜ、花はきれいな色をしているのか」との疑問があります。この一つの答えは、花びらを美しくきれいに装《よそお》うのは、「ここに花が咲いているよ」と知ってもらうために、目立ちたいからです。目立つ色でハチやチョウなどの昆虫を誘い、寄って来てもらって、花粉を運んでもらい、子孫（タネ）をつくるためです。

しかし、花々が美しくきれいに装う理由は、それだけではありません。大切な答えがもう一つあります。それは、植物たちの紫外線対策なのです。紫外線が花に当たって生みだされる、有害な活性酸素を消去するためなのです。

植物たちは、太陽の紫外線が降り注ぐ中で成長し、花の中で子孫をつくります。紫外線は、花の中で生まれてくる植物たちの子どもにも有害です。

そのため、花は、紫外線が当たって生みだされる有害な活性酸素を消去しなければなりません。生まれてくるタネを守るためには、活性酸素を消し去る抗酸化物質が必要なのです。

その代表的な一つが、「アントシアニン」という物質です。これは、ポリフェノールと総称される物質の一種です。これは、花びらの色を出す素《もと》になる物質なので、「色素」とよばれます。

アントシアニンというのは、花びらを美しくきれいに装う色素です。植物たちは、この色素で、花を装い、花の中で生まれてくる子どもを紫外線から守っているのです。

アントシアニンは、赤い色や青い色の花に含まれます。バラ、アサガオ、シクラメン、サツキツツジなどの赤い花の色は、この色素の色です。キキョウ、リンドウ、パンジーなどの青い花の色も、この色素の色です。赤い花の色も、青い花の色も、アントシアニンという色素の色なのです。

アントシアニンとともに、花の色素となって、花の中で生まれてくる子どもを紫外線から守っているのは、「カロテノイド」という抗酸化物質です。この色素は、赤や橙《だいだい》、黄色の色素で、あざやかさが特徴です。キクやタンポポ、マリーゴールドなどの黄色の花に含まれています。

カロテンは、「カロテノイド」という物質の一種です。ですから、カロテンの代わりに、カロテノイドという語が使われることがあります。

花々が、花びらを美しくきれいに装うのは、紫外線が当たって生みだされる有害な活性酸素を消去するためであり、植物たちの生き残り戦略の一つなのです。このため、植物に当たる太陽の光が強ければ強いほど、活性酸素の害を消すために多くの色素がつくられ、花の色はますます濃い色になります。そのため、私たちには、花の魅力が増します。

高山植物の花には、美しくきれいであざやかな色をしているものが数多く存在します。空気が澄んだ高い山の上には、紫外線が多く照りつけるからです。また、強い太陽の光が当たる畑や花壇などの露地で栽培される植物たちの花は、紫外線を吸収するガラスの温室で栽培される植物たちの花より、色あざやかになる傾向があります。これは、紫外線を含んだ太陽の光を直接受けるからです。

紫外線が多いという逆境に置かれれば、それに負けずに、ますます花を魅力的にするという植物たちの生き方は、私たち人間も、「そのように生きたい」と思わせてくれます。逆境に負けずに魅力的になる植物たちの思いとは、私たちへの〝励まし〟なのかもしれません。

（三）食べられる宿命に備える心意気

植物たちは、「少しぐらい食べられても、気にしない」と覚悟している！

植物は、自分のからだを守るために、いろいろなしくみを身につけ、工夫を凝らしています。しかし、植物がどんなに巧みにからだを守ろうとも、「動物に食べられる」という宿命があります。地球上のすべての動物は、植物たちのからだを食べて生きているからです。

そのため、地球上に動物がいる限り、植物たちには、動物に食べられるという宿命があるのです。もし植物が、動物に食べられることを完全に拒んで、逃げ回ることができれば、地球上のすべての動物は生きていけません。

植物は、花粉を運んでもらうのに、虫や鳥などの動物の世話になります。また、動物のからだにくっついてタネを運んでもらいます。動物は、果実を食べるときに、中にあるタネをまき散らします。あるいは、タネごと食べてしまいます。その場合には、糞《ふん》といっしょにどこか遠くに排泄《はいせつ》してくれます。

このおかげで、植物は、動きまわることなく、新しい生育地を得ることができ、生活の場を移動することができます。ですから、「食べられる」という宿命に対し、植物たちは、「少しぐらいなら、動物にからだを食べられてもいい」と思っているはずです。

その覚悟をしている植物たちの備えは、何気ないからだの〝構造〟に隠されています。茎の先端にある芽を「頂芽《ちょうが》」といいます。芽は、茎の先端にある頂芽だけでなく、すべての葉っぱのつけ根にもあります。それらの芽は、「頂芽」に対して、「側芽《そくが》（あるいは、腋芽《えきが》）」といわれます。芽には、「頂芽」と「側芽」があるのです。

側芽は、頂芽がさかんに伸びているときには伸びません。頂芽だけがグングン伸び、側芽が伸びない性質は「頂芽優勢」といわれます。二種類の芽には、頂芽だけがグングン伸び、側芽は伸びない、「頂芽優勢」という性質があるのです。

もし頂芽を含めて茎の上のほうのやわらかい部分が動物に食べられたら、食べられた下には、多くの側芽があります。どの位置まで食べられるかはわかりませんが、頂芽がなくなると、下のほうの側芽であったもののどれかが、一番先端になります。

すると、その側芽が「頂芽」となりますから、「頂芽優勢」の性質で、その芽が伸びはじめます。ですから、しばらくすると、何ごともなかったかのように、前と同じ姿に戻ります。

食べられた茎の下方に側芽がある限り、一番先端になった側芽が頂芽となって伸びだし、何ごともなかったかのように、食べられる前と同じ姿に戻ることができるのです。これが、「少しくらいなら、食べられてもいい」と思っている植物たちが備えている「頂芽優勢」という性質の威力です。

食べられるという宿命を背負う植物たちは、食べ尽くされることを防ぐと同時に、少しぐらい食べられても、その被害が余り深刻にならないような、性質を備えていなければなりません。身近で見られる植物たちは、成長する姿に、その性質を隠しているのです。

植物たちは、地球上のすべての動物の食糧を賄っています。そのため、植物たちは「少しぐらい食べられても、気にしない」という覚悟をしているのです。その覚悟は、「頂芽優勢」という性質でかなえられているのです。

「少しぐらい食べられても気にしない」と思う姿とは？

タンポポやオオバコは、地面にへばりつくように葉っぱを広げて生育し繁茂しています。

これらの植物は、茎を伸ばさず、株の中心から放射状に多くの葉っぱを、地面に接するように広げます。この場合には、葉っぱがなるべく重ならないように出てきます。

そのため、葉っぱがバラの花の花びらのように相互にずれて重なり合っています。この姿は、バラ（rose）の花のように見えることから、バラの英語名「ローズ」にちなんで、「ロゼット（rosette）」とよばれます。

ロゼットの状態になる植物の場合には、葉っぱは地上に四方八方に広げられていますが、その中心にある芽は地表面と同じくらいの高さにあります。ロゼットという特徴的な構造は、葉っぱをつくりだす大切な芽を守っている姿なのです。

タンポポのロゼット

ロゼット状態の姿では、芽は地表面の近くにあるため、動物がこれらの植物の芽を食べるのは困難です。葉っぱは食べられても、芽は動物に食べられずに残ります。残った芽からは、葉っぱが再び生えてきます。

葉っぱをむしり取られても、刈り取られても、食べられても、葉っぱをつくりだす芽は温存されているからです。もう一度、つくり直すという〝生きる力〟が、これらの植物たちにはあるのです。

私たちがタンポポ、オオバコなどの雑草を退治しようとするときには、葉っぱをむしり取ります。しかし、何日かすると、雑草たちは、何ごともなかったかのように、葉っぱを生やしてきます。

動物に食べられる植物たちが、「少しぐらい食べられても気にしない」と思っている、その思いをかなえる一つの姿が、ロゼットなのです。

「少しぐらい食べられても気にしない」と思う、植物たちの姿は、ロゼット以外にもあります。それは、「地下茎」です。

土の中に、茎をもぐらせている植物がいます。ふつうの茎は上に伸びて地上に出てくるのですが、地上には姿を見せずに、土の中で根のように伸びる茎は地下茎といわれます。地下茎は、地中を根のように長く横へ横へと伸びています。

わかりやすいのは、タケやハスの地下茎ですが、ほかにも意外に多くの植物が、土の中で地下茎を伸ばして生きています。ドクダミ、イタドリ、ワラビ、ヒルガオ、クローバーなどです。これらの植物には地下茎をもつ利点があります。

動物に地上部を食べられても、地下茎を食べつくされることはありません。地上部を食べられても、栄養をもった地下茎は土の中に生き残ります。だから、また、芽や葉っぱが出てきます。

これらの植物たちは、私たち人間に刈り取られても、土の中を深く長く伸びている地下茎をすべて引き抜かれることはありません。折られても踏まれても、地下茎からは、芽がまた出てきます。

植物たちが、「動物に食べられても、少しぐらいなら気にしない」と思い、その思いをかなえる二つ目の姿が、「地下茎」なのです。

トゲをもつ植物たちの思いとは？

植物たちには、動物に食べられるという宿命があります。この宿命に対して、「少しくらい食べられてもいい」と思っているでしょう。そうでなければ、すべての動物が生きていけないからです。

しかし、動物に食べ尽くされてしまっては困ります。そこで、多くの植物たちが、食べ尽くされるのを防ぐための武器を身につけています。その一つは、トゲ（刺）です。

「トゲ」は、植物たちのからだにある、針状の突起物です。トゲには、バラやサンショウのように、表皮が変形したものや、ボケのように、茎や枝が変形したものがあります。それに対し、サボテンのトゲは、葉が変化したものです。

ふつうには、「植物たちは、トゲで動物に食べられることからからだを守っている」と考えられます。トゲのある茎や葉っぱを食べると痛いので、「植物たちは、トゲを身につけていれば、動物に食べられる食害から逃れられる」ということは、理屈の上では、よく理解できます。

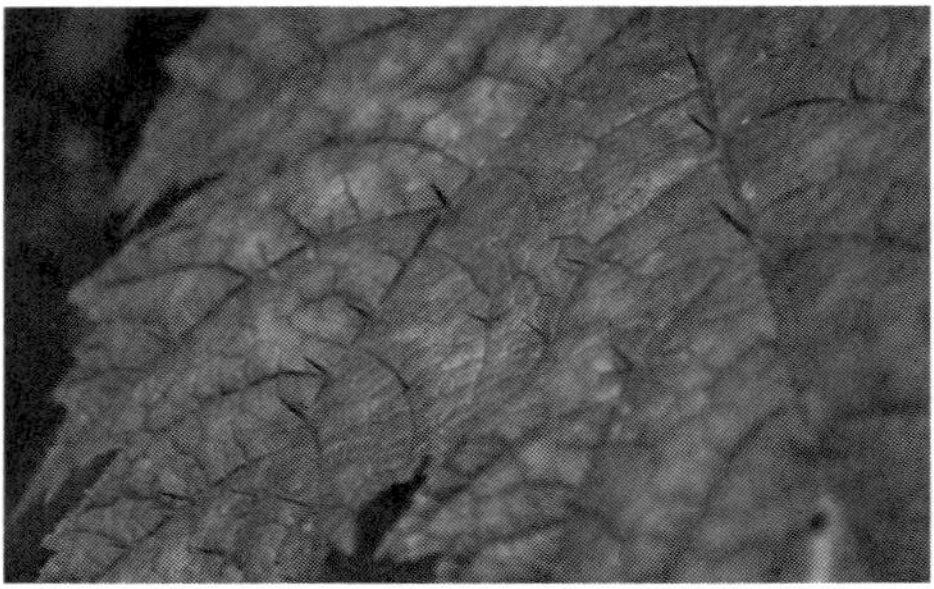
イラクサの葉

しかし、「実際に、自然の中で、そんな現象がみられるのか」という疑問があります。

この疑問は、奈良県の大仏様で有名な東大寺に隣接している奈良公園に多く育っている、イラクサという植物で解かれました。

イラクサの葉っぱや茎には、トゲがあります。「このトゲに刺されると痛くてイライラするのが、『イラクサ』という名前の由来」といわれたり、「トゲを古くは『イラ』といったので『イラクサ（刺草）』という植物名がついた」といわれたりします。

この植物には、本来、葉っぱや茎にトゲが少ないものから多いものまでいろいろとあります。ところが、奈良公園には、多くのトゲをもつものしか育っていません。「奈良公園には、多くのトゲをもつイラクサしか育たないのか」を確かめるために、実験的に、トゲの少ないものや多いものが混ぜて植えられました。

奈良公園には、「神様のお使い」といわれ、大切にされているシカが放し飼いにされています。そのため、奈良公園を訪れると、あちこちで、シカに出会います。イラクサは、シカに食べられる植物の一つです。

何年かが経過すると、トゲの少ないイラクサが姿を消し、トゲの多いイラクサばかりが生き残ることがわかりました。ですから、奈良公園で、トゲの多いイラクサが生き残るのは、「シカが、トゲの少ないイラクサを食べ、トゲの多いイラクサを嫌って食べない」ということを意味します。

ということは、イラクサは、動物に食べられないように、実際に、トゲによってからだを守っていることになります。

動物に食べられるという宿命がある植物たちは、「食べ尽くされては、たまらない」という、強い思いをもっています。そのために、トゲという武器をもって、動物たちと戦っているのです。

「植物たちは、トゲで動物に食べられることからからだを守っている」というのは、その通りです。でも、それだけではありません。私たち人間に好まれない雑草のような植物は、引き抜かれて捨てられてしまうことからも、トゲで、からだを守っているのです。

トゲのある雑草のような植物たちは、「草食性の動物に食べられるならまだましだが、引き抜いて、ゴミのように捨ててしまう人間というのは、とんでもない生き物だ」と思っているかもしれません。

有毒物質をもつ植物たちの思いとは?

植物たちは、トゲの他にも、動物に食べ尽くされないための武器を身につけています。たとえば、からだに有毒な物質を含むことです。有毒な物質を身につけ、からだを守っている植物は多くあります。いくつかを紹介します。

ヒガンバナは、古くから、「墓地に花咲く植物」として、あまり良いイメージをもたれていません。しかも、この植物は、「毒をもつ植物」として知られ、有毒な物質をもつことはよく知られています。その物質名は、ヒガンバナ属の属名「リコリス（Lycoris）」にちなんで名づけられた「リコリン」です。かわいらしい響きのある名前ですが、この物質は有毒です。

お正月を過ぎると、春の訪れを知らせてくれるように、花を咲かせはじめるのは、スイセンです。この植物は、ヒガンバナの仲間です。ですから、この植物もリコリンを含んでいます。

沖縄県や九州の南部に多く生育し、本州でも、庭や公園で栽培されることがある植物にソテツがあります。ソテツは夏に花を咲かせ、その後、タネをつくります。タネは成熟すると、朱色を帯びた卵形になります。

このタネには、「サイカシン」という有毒な物質が含まれています。食べると、嘔吐、めまいや呼吸困難などの中毒症状をおこします。この物質の名前は、この植物の属名「サイカス（Cycas）」にちなんでいます。

原産地のインドでは、「ウシ殺しの木」といわれ、イタリアでは、「ロバ殺しの木」とよばれる植物があります。植物の花言葉は、希望に満ちた言葉が多いのですが、この植物の花言葉は、有毒物質のために、「危険」「注意」「用心」などとなっています。

この植物は、キョウチクトウです。この木は、さし木で容易に増やせることや排気ガスに強いこともあって、街の中で庭木や街路樹として広く植えられ、夏の間、真っ白やピンク色の花を咲かせます。

しかし、この植物は、葉っぱや枝におそろしく有毒な物質をもっているのです。「オレアンドリン」という名前の物質です。この名前は、この植物の英語名の「オレアンダー(Oleander)」にちなむ名前です。この有毒物質のおかげで、この植物の葉っぱは、虫にほとんど食べられません。

フランスで、バーベキューの串にこの植物の枝を使ったために、数名が亡くなるという事件が、一九七五年におこっています。日本でも、「明治時代の初め、西南の役《えき》で官軍の兵士が、お弁当のお箸を忘れて、代わりに、この植物の枝を使って中毒をおこした」という話があります。

「植物たちは、有毒な物質を身につけていれば、動物に食べられる食害から逃れられる」ということは、理屈の上では、よく理解できます。しかし、「実際に、自然の中で、そのような現象がみられるのか」と疑問に思われることがあります。

アセビの花

同じ疑問に対して、本章の「トゲをもつ植物たちの思いとは？」の項で、奈良公園のシカが食べるために、トゲのあるイラクサだけが生き残っていることを紹介しました。

有毒な物質の場合について、その疑問に答える例も、奈良公園で知られています。奈良公園にいるシカは、放し飼いにされていて、公園内の草や木の葉っぱを自由に食べます。一方、「奈良公園には、アセビが多い」といわれます。

アセビは、漢字では、「馬酔木」と書かれます。それは「ウマがこの植物の葉っぱを食べると酔ったようになる」からといわれます。「酔う」という字が使われますが、「毒にしびれた状態になっている」というのが適切な表現です。

この植物は、「アシビ」とよばれることもあります。「この『シビ』は、『しびれる』状態を強調している」といわれます。アセビには、「アセボトキシン」や「グラヤノトキシン」とよばれる有毒な物質が含まれており、決してウマだけに有害なものではありません。奈良公園のシカも食べず、その結果、公園内にはアセビが多く育っているのです。

動物に食べられるという宿命がある植物たちは、「食べ尽くされては、たまらない」という、強い思いをもっています。そのために、それぞれの植物たちが、独自の有毒物質という武器をもって、動物たちと戦っているのです。

そのため、「有毒な物質をもつ植物として知られているかいないかは別にして、また、植物がもつ物質の毒性が強いか弱いかは別にして、この世に生き残っている多くの植物が有毒な物質をもっていると考えたほうがいいですよ。だから、動物も、むやみに、どんな植物でも食べないのです。もちろん、人間も、身近なところにある見知らぬ植物の葉っぱや茎を食べれば、きっと下痢をしたり吐き気がしたりしますよ」との、植物たちの注意を促す声が聞こえてきそうです。

「毒変じて薬となる」で、人間の役に立ちたい植物たち

一九四七年、ソ連（現在のロシア）において、「ガランタミン」という物質が、植物から取り出されました。マツユキソウ（待雪草）という別名をもつスノードロップとよばれる植物からです。その後、一九五三年に、日本でも、ヒガンバナからこの物質が抽出され

ました。

ガランタミンは有毒な物質で、取り出された当初は、まったく注目されませんでした。でも、現在では、薬として、世界中で利用されています。

そのきっかけは、一九六〇年代に、ガランタミンに、からだの中の「アセチルコリン」という物質の量を保つという働きが発見されたことでした。アセチルコリンは、神経の興奮を伝達する物質としてはたらいています。

ガランタミンがアセチルコリンの量を調節していることがわかると、ガランタミンの研究は一気に加速し、アセチルコリンが少なくなる病気の治療薬として使われはじめました。アセチルコリンが少なくなる病気の代表は、私たちの多くがもっとも気にする病気の一つであるアルツハイマー型認知症です。

認知症にはいくつかの種類がありますが、その中で、アルツハイマー型認知症は約七〇パーセントを占めます。高齢になれば、かかる可能性が高く、「かかりたくない、なりたくない」とおそれられている病気です。

新しい物事が覚えにくく、物忘れをするというアルツハイマー型認知症の症状が出る人の脳の中では、アセチルコリンの量が少なくなっています。アセチルコリンは、新しい物事を覚えようとするときに必要となる物質です。そのため、アセチルコリンの量が減ると、新しい物事が覚えにくくなる症状が出てきます。

ガランタミンには、アセチルコリンが減るのを防ぎ、「アセチルコリンの量を保つ」という働きがあります。この効能で、アルツハイマー型認知症の治療薬の一つとして、日本や欧米では、ガランタミンが承認されています。

植物たちのもつ有毒物質が、私たち人間のお薬となっているのは、この例だけにとどまりません。だからこそ、古くから、「毒変じて薬となる」という言い伝えがあるのです。

有毒物質をもつ植物の思いが、「動物に食べ尽くされては、たまらない」というだけでなく、「毒が変じて薬となって、人間の役に立ちたい」というものであれば、私たちには幸せなことです。

この例だけでなく、今まで役に立っていないと思われていた植物が、突然に、価値が見いだされることは、長い歴史の中で、多くあります。ある植物が、役に立つか立たないかは、時代の文化や技術などで決まってきます。そのため、私たちは、現在、役に立っていないからといって、その植物を絶滅に追いやることだけは、絶対にしてはいけません。

第四章

まるで心があるかのような反応

動物が動きまわらなければならない理由を考え、それぞれについて、植物が動きまわる必要がないことは、ここまで紹介しました。「植物は動きまわることができない」のではなく、「動きまわる必要がない」という植物たちの言い分は、納得していただけたと思います。

もう一つの、植物たちがされている誤解は、「植物たちは、刺激に対して反応しない」ということです。植物たちは、「この誤解を解いてほしい」ときっと思っているはずです。

本章では、この誤解を解きましょう。植物たちは、何気ない日々の光条件や温度などの変化、虫や人が触れるという接触を刺激と感じて、反応しています。また、日々の刺激に反応して生きるという心意気をもっています。

「植物は、刺激に対して反応しない」という誤解を解きながらお読みいただけば、植物が秘めている、〝生きるための力〟が浮かび上がり、それらに支えられた知恵と工夫に満ちた〝植物のすばらしい生き方〟が見えてくるはずです。

(一)刺激に反応する心があるかのようなしくみ

「発芽の三条件」に迷うタネの思いは?

タネが発芽するために必要な「発芽の三条件」といわれるのは、「適切な温度」、「水」、「空気(酸素)」です。そのため、「『適度に暖かく、水があり、呼吸もできる』という、三つの条件がそろっていれば、タネは発芽する」と思われます。

人間が栽培している植物なら、この発芽の三条件で発芽してもいいのかもしれません。でも、自然の中を、自分の力で生き抜かなければならない雑草などは、発芽の三条件が満たされたからといって、発芽してはいけないということは、容易に想像できます。

それは、発芽の三条件の中には、「光が当たること」という条件が入っていないからです。タネが光の当たらない場所で発芽しても、芽生えは、しばらくの間、タネの中に貯蔵している養分で成長できます。しかし、そのあとは、水と二酸化炭素を材料に、光を使って、成長に必要な栄養をつくるために光合成をしなければ、生きていけません。

そこで、多くのタネは、発芽の際に、「光が当たっているか、当たっていないか」を見きわめます。タネは、発芽しなければ、都合の悪い環境に耐えて生き続けることができます。ですから、発芽しても生きていけない環境でなら、タネは発芽しないほうがいいのです。

そのため、発芽に光を必要としているタネは、光の当たらない暗闇の中では、発芽の三条件が与えられても、発芽することがありません。多くのタネが、土の中で、発芽後の成長に好適な条件が訪れるまで、発芽する機会を待ち続けるのです。

一九〇七年、ドイツのキンツェルは、ドイツ国内に生育していた九六五種類の植物のタネが発芽するために、光が必要かどうかを調べました。そして、「約七〇パーセントの六七二種類の植物のタネは、光が当たらなければ発芽せず、約二七パーセントの二五八種類の植物のタネは、強い光が当たると発芽が抑制されるけれども、発芽するために光は必要である」という調査結果を報告しています。

調べられた九六五種類の植物の中で、光が当たらなくても発芽するのは、三五種類のみなのです。ですから、多くの植物は、発芽に光を必要とするのです。身近な植物であるオオバコやレタスのある品種のタネなどで、この性質を容易に確認することができます。

たとえば、二個の小さな容器を用意して、それぞれに水を含んだ綿、または、吸水させたティッシュペーパーを敷き、この上に、オオバコのタネをまいて、水が乾かないように、透明なカバーをかけます。

容器の一つは箱か缶に入れ、真っ暗な状態にします。もう一つの容器は、光の当たる場所に置きます。温度はともに約二〇度か、約二五度の適切な温度のもとに保たれるようにし、「適切な温度、水、空気（酸素）」という発芽の三条件を満たします。

タネがまかれた二個の小さな容器は、光が当たるか当たらないか以外は、同じ状態にします。数日後、光の当たっている小さな容器の中をのぞくと、タネが発芽しているのが確認できます。箱か缶の真っ暗な中に置かれた容器のタネは、発芽していません。

この結果から、「実験に使われたタネが発芽するには、光が必要である」ということがわかります。この実験では、光が当たるか当たらないか以外は、まったく同じ状態にしてありますから、「発芽には、光が必要である」という結論が導かれます。

植物たちが食べものを探し求めて動きまわる必要がないようにするためには、発芽した芽生えが光合成のできる場所で育たなければなりません。そのためには、タネが発芽するときに、光合成のできる場所を選ぶ必要があります。タネは、そのためのしくみを身につけているのです。

「光が当たると、タネが発芽する」ということは、「タネが光を感じる」ということです。光を感じるためには、光を感じる物質がなければなりません。たとえば、葉っぱは光合成をするために光を必要としていますが、その光を感じているのは、葉に含まれる「クロロフィル（葉緑素）」という緑色の物質です。

タネは、光合成をしませんから、クロロフィルはもっていません。でも、光が当たる場所であることを確認して発芽しなければなりません。そのために、光を感じる「フィトクロム」という物質を身につけています。

「刺激に対して反応しない」と思われている植物たちは、タネが発芽するときから、光が当たるという刺激を感じて反応しているのです。植物たちからは、「『発芽の三条件』がそろったからといって、発芽していては、自然の中を生きていけないのですよ。自分が光の当たる場所にいるかどうかを知って、発芽しているのですよ」とちょっと誇らしげな思いが伝わってきそうです。

「時の流れ」を知るタネの思いは？

秋に、多くの雑草のタネがつくられます。秋につくられる、多くの種類の雑草のタネは、すぐに発芽せず、春になると、発芽します。そのため、秋につくられたときは、気温が低かったために発芽できず、春に気温が上がり、暖かくなってきたから、発芽するような印象を受けます。

しかし、秋の気温は、春とほとんど差異がありません。ですから、秋に発芽しないのは、気温が原因ではないのです。野や畑の片隅で生きる雑草のタネからは、「芽を出すということは、生涯の始まりであり、慎重にならざるを得ないのですよ」という声が聞こえてきそうです。

では、秋にできたタネに、「発芽の三条件（温度、水、空気）」と「光」を与えても、ほんとうに、発芽しないのでしょうか。試みに、秋に採取したタネをすぐにまいてみればいいでしょう。

シャーレに水を含んだティッシュペーパーを敷き、その上に採取したタネをまきます。光の当たる暖かい室内に、このシャーレを置いていても、ほとんど発芽してこないでしょう。秋につくられた雑草のタネに、「発芽の三条件」と「光」を与えても、発芽しないのです。

実験的に、もう一枚同じものを用意し、しばらくの期間、冷蔵庫にいれておきます。そして、発芽するようなふつうの室温に戻すと、発芽がおこります。冬のような寒さの冷蔵庫にいれておく期間が長ければ長いほど、ふつうの室温に戻したときの発芽率は上昇します。

秋につくられたタネは、冬のような寒さを感受しなければ発芽しないようになっているのです。植物たちからは、「もし結実した秋にすぐ発芽すれば、芽生えはやがてやって来る冬の寒さで確実に枯死してしまいますよ。秋に花を咲かせてタネをつくったのは、冬の寒さに弱いので、タネの姿で、冬の寒さをしのぐためなのですよ」という声が聞こえてきそうです。

秋につくられた雑草のタネは、秋から冬へ、冬から春へという季節の経過を確認しているのです。冬の寒さを体験すれば発芽するようにプログラムされています。だから、寒い冬が過ぎるのを確認したあとに、暖かくなると発芽します。冬の寒さを、春に発芽するための刺激として感じているのです

これは、秋の不順な暖かさで、うっかり発芽し冬に枯れてしまう愚を避ける術であり、

発芽するための〝時〟を知る術です。「私たちは思われている以上に〝かしこい〟でしょう」と、植物たちは誇らしげに思っているでしょう。

アカザ、エノコログサ、ブタクサなどの雑草のタネや、トネリコ、カエデ、ユリノキ、クルミ、リンゴ、モモなどの多くのタネがこの性質をもっています。いったん発芽すれば、移動することなく冬の寒さを逃れて生きていく植物たちのしくみです。

「寒さを感受して発芽する」という性質は、冬のある地域に育つ植物は身につけていなければならない大切な性質なのです。

秋につくられた雑草のタネが、発芽するために、最初に待っているのは、「春の暖かさ」ではなく、「冬の寒さ」なのです。タネたちは、「私たちは発芽するべき『時』を選ぶしくみをきちんと身につけているのですよ」とちょっと自慢げに、胸を張っているように感じます。

芽生えの姿に秘める、植物たちの思いとは？

アサガオやダイズの芽生えで、よく目立つ特徴は、主に四つあります。これらは、「暗い土の中から、発芽しよう」という、植物たちの強い思いを表しています。

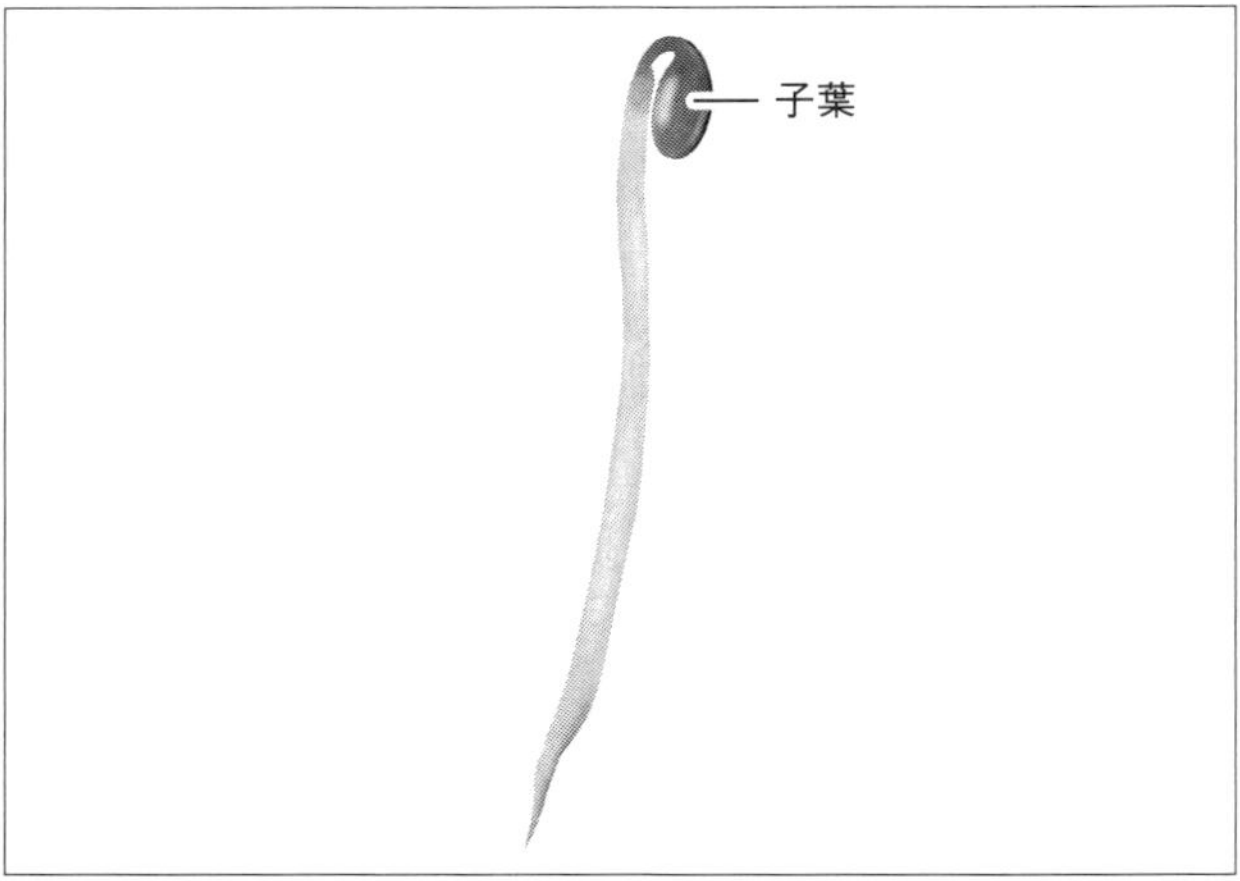

モヤシの根が発達していないのは、水をたっぷりと与えられて栽培されているから

一つ目の特徴は、地上に出てきた芽生えの先端が、釣り針のように、フック状に曲がっていることです。この形態は、暗黒の容器の中で育てられているモヤシで容易に確認できます。

モヤシの先端は、黄白色の小さな葉が閉じたまま、フック状に曲がっています。この形態的な特徴は、暗黒の土の中で、発芽した植物が、光を求めて、地上に出るために懸命に努力している姿なのです。

茎の先端のフック形の部分は、地上に出れば、光に当たるという刺激で開き、まっすぐに伸びます。フック形に屈曲しているのは、芽生えが土を押しのけて地表面に向かって伸びる際に、二枚の最初に出る葉っぱ（子葉）

の付け根にある芽を守るためです。もし、フック形に曲がっていなかったら、芽が土を直接押しのけながら、地上を目指して、伸びなければなりません。

そうすれば、芽は傷つきます。芽は地上部に出て、葉をつくり、植物らしい形態をつくるためにもっとも大切な部分です。茎の部分をフック形に曲げて力を強くし、その部分で土を押しのけて上に伸びます。芽は、そのフック形の下に守られているのです。

二つ目の特徴は、芽生えの子葉は開かず、小さな葉がたたみ込まれていることです。植物が葉っぱを広げるのは、光合成に必要な光を、できるだけ多く吸収するためです。暗黒の土の中では広げる必要もなく、また広げようとしても、土が邪魔になって広げられません。

子葉を無理に広げてしまえば、地上に出る前に葉っぱはボロボロに傷ついてしまいます。だから、地上に出て光を受けると、その光を刺激として感じ、葉っぱが開くようになっているのです。

三つ目は、暗黒では、葉っぱが大きくないことです。これは、二つ目の特徴と同じ理由です。葉っぱが面積を拡大するのは、光をいっぱいに受け取るためです。それゆえ、土の中では必要もなく、光が当たれば拡大するようになっているのです。地上に出て、光に当たるという刺激を受ければ、葉っぱは大きくなります。

四つ目は、葉が黄白色のままであることです。この理由は、言うまでもありません。光合成のために光を集める色素であるクロロフィルを生成しても、暗黒の土中では役に立ちません。

植物たちは、光合成のできない暗黒の中では、クロロフィルをつくるという余分なエネルギーの消耗はしたくないのです。黄白色のままで十分なのです。地上に出れば、光に当たるという刺激で、クロロフィルをつくり、緑色になるのです。

このように、何気ない芽生えの姿に、発芽した植物たちが生きていこうとする心意気が込められているのです。そして、地上に出ることができれば、光が当たるという刺激に反応して、芽生えの形態が形成されるのです。

これらの苦労を知ると、土の中で発芽し、暗黒を抜けてようやく地上に発芽した芽生えが〝ふた葉〟を広げた姿は、まるで、両手を広げて「万歳！」と叫んでいる姿に見えます。

ハエトリソウの思いとは？

食虫植物は「昆虫などの小さな動物を捕えて食べて栄養としている」といわれます。人気者の食虫植物は、「ハエトリソウ」です。「ハエトリグサ」や「ハエジゴク」などの名前で、園芸店などで市販されることもあります。

この植物の葉っぱは、二枚貝が開いたような状態で向き合っています。二枚の葉っぱのまわりには、トゲがいっぱい生えています。この葉っぱは、たいへん機敏に、「触られる」という刺激に反応します。

一枚の葉の中には三本のトゲのような「感覚毛」とよばれる毛があります。ハエなどの虫がこの毛に触れると、二枚の葉がピタンと合わさるようにすばやく閉じて、葉と葉の間に、ハエなどを閉じ込めてしまいます。

ただし、感覚毛に一回触れただけでは、葉っぱは閉じません。一回目に触れたあと、二〇〜三〇秒が経過する間に、二回目に触れたときにだけ、葉っぱは閉じるようになっています。これは、風で運ばれてきたゴミなどが触れても、無駄に葉を閉じないためです。

この現象は、「ジャスモン酸グルコシド」という物質が

ハエトリソウの葉と3本の感覚毛

支配しています。葉っぱのトゲに触れると、ジャスモン酸グルコシドがつくられます。しかし、一回触れたときにできる量では、閉じる量には足りません。そのため、葉っぱは閉じません。

二回目に触れると、再びこの物質がつくられます。すると、一回目にできた量に加算されて、葉っぱが閉じるのに必要な量を超え、閉じるのです。もし三〇秒を経過しても二回目に触れられるという刺激がなければ、その物質が葉っぱから他へ移動して消えてしまいます。そのため、一回目の刺激は無効になり、二回目に触っても、閉じるための量に足らず、閉じないのです。

この植物は、このような巧みなしくみを身につけ、昆虫などの小さな動物を捕えて食べて栄養としています。そのため、「光合成をしない」と思われがちです。しかし、そうではありません。

ハエトリソウは、いかにも動物のように生きているという印象がありますが、この植物は、ふつうの植物と同じように、クロロフィルという緑色の色素をもっています。クロロフィルは、葉っぱの緑色の素になる色素で、光合成のための光を吸収する色素です。ですから、この植物は光合成を行います。

ハエトリソウは、光合成を行いますから、日当たりの良い場所を好んで生活します。この植物は、「虫から栄養を得る」と思われていても、十分な光と水があれば、光合成をします。そのため、光合成でつくることができるデンプンを欲しがってはいません。

では、「虫を捕えて、何が欲しいのか」という疑問がおこります。食べものを食べるのは、エネルギー源であるデンプンを摂取するためだけではありません。私たちが、ウシやブタ、ニワトリなどの肉や魚を食べるのは、タンパク質を摂取するためです。

といっても、ウシやブタ、ニワトリ、魚などのタンパク質がそのまま必要なのではありません。私たちのからだではたらくタンパク質をつくるための材料が必要なのです。タンパク質というのは、アミノ酸が連なって並んだものです。

ですから、タンパク質をつくるためには、アミノ酸が必要です。「アミノ酸」というのは、窒素を含む物質です。私たち人間は、アミノ酸をつくり出すことができません。だから、牛肉、豚肉、鶏肉、魚などのタンパク質を多く含んだものを食べて、それを消化してアミノ酸を取り出すのです。私たちは、そのようにして得たアミノ酸を並べ直して、自分に必要なタンパク質をつくっているのです。

ふつうの植物たちは、自分でアミノ酸をつくることができます。だから、植物たちは肉を食べる必要はありません。言い換えると、植物たちは、肉を食べなくても、肉の成分であるアミノ酸をつくり出すことができるのです。

ただ、植物たちがアミノ酸をつくるためには、窒素という養分が必要です。ですから、植物を栽培する場合の三大肥料は、「窒素、リン酸、カリウム」といわれ、窒素が入っています。

そのために、肥料をもらえない自然の中で、自分で生きる植物たちは、根で養分として窒素を地中から取り込みます。ふつうの植物は、窒素を含んだ養分を土の中から吸収するのです。ところが、ハエトリソウはそれをできなかったのです。

「なぜ、ハエトリソウは根から窒素を含んだ養分を吸収できないのか」という疑問が浮かびます。ハエトリソウの原産地は、北アメリカの窒素の養分をあまり含まない痩せた土地なのです。ですから、これらの養分を根からは吸収できなかったのです。そのため、これらを補うために、この植物は虫のからだから摂取する能力を身につけたのです。

ハエトリソウは、とらえた虫から窒素成分を吸収するために、タンパク質を分解する消化酵素などの液を出し、虫を消化します。私たち人間が、肉や魚を食べて、それを消化し、主にアミノ酸などの窒素化合物を得るのと同じです。

ハエトリソウが、虫をとらえ、それを消化して、窒素成分を摂取していることを理解すると、一つの疑問が浮かびます。「なぜ、多くの植物に見られない奇妙なしくみを身につけてまで、窒素の養分が乏しい地域の土地にしがみついて生きてきたのか」という疑問です。

ハエトリソウは、このしくみを身につけたおかげで、他の植物たちが暮らすことができない窒素養分の乏しい土地に生きていけるのです。そのため、競争する必要もなく、その土地に独占的に繁茂《はんも》していくことができます。

ハエトリソウは「変わった植物といわれるけれども、変わった生き方は、与えられた場所で懸命に生きる姿なのですよ」と教えてくれているようです。また、「創意工夫を凝らして、自分独自のしくみを開発し身につけた価値を誇りとしているでしょう。

「これは人間の社会にも当てはまりますよ。今までにないような、独自の商品をつくり出せば、同じような商品を販売するという、横並びの競争を避けることができますよ」という、ハエトリソウのちょっと自慢げな声が聞こえてきそうです。

仲間といっしょに開花するために、刺激を感じる！

第二章で、時計盤状の花壇のそれぞれの時刻の位置に、その時刻に開く花を植えて、どの場所の花が開いているかを見て時刻を知るという、ほんとうの「花時計」を紹介しました。これは、多くの植物が開花する時刻を決めていることを象徴するものです。「花粉のやり取りをしやすいように」との、植物たちの気持ちを込めたものです。

「開花時刻の決まっている植物たちは、何を合図に、同じ時刻に、打ち合わせたように、いっせいに花を開かせるのか」という疑問が浮かびます。同じ種類の仲間たちと時刻を打ち合わせて、開花するためには、刺激が必要なのです。そのための刺激は、主に、三つに分けられます。

一つ目は、温度が高くなるという刺激に反応して、花を開かせる植物たちです。その代表は、チューリップです。チューリップの花は、温度が上がったら開き、温度が下がったら閉じます。だから、自然の中では、朝に開き、夕方に閉じます。この性質を確かめるのは、簡単です。

たとえば、開きそうなツボミをもったチューリップの鉢植えを準備します。ツボミは、朝に閉じています。だから、朝、温度が上がる前に、暖かい部屋を準備し、そこに鉢植えを移します。すると、鉢植えのツボミは、まもなく開きはじめます。暖かい温度を感じて、開くのです。

しかし、まだ温度の上がっていない部屋に置かれたままの鉢植えのツボミは、閉じたままです。この開かないツボミにも開く能力があることを確かめたければ、暖かい温度の部屋に移せばよいのです。これらのツボミも開きはじめます。開いた後、温度が低い部屋に移すと、開いていた花は再び閉じます。

自然の中で朝に開花するマツバボタン（ポーチュラカ）のツボミも、夜から低い温度に移し、朝になっても温度が上がらないと、花は開きません。朝にそれらのツボミを高い温度の部屋に移すと、開くチャンスを待ちかねていたように、急いで開きます。夜の温度と移した温度との差が大きいほど、みるみるうちに、ツボミは早く開きます。

その他には、クロッカス、タマスダレなどが、このグループです。これらの植物の花は、自然の中で、朝に太陽が姿を見せてしばらくすると、温度が上がるという刺激を感じているのです。

二つ目は、太陽がのぼって、明るくなることが刺激となって、花を開く植物たちです。タンポポやムラサキカタバミなどが、このグループです。自然の中で明るくなるのは朝ですから、これらの花は朝に開きます。

ただ、この性質で開花するには、朝を迎えるまでの夜の温度がある程度、高くなければなりません。セイヨウタンポポでは一三度以上、カンサイタンポポ、シロバナタンポポ、ムラサキカタバミでは一八度以上です。

「太陽がのぼって、明るくなることが刺激となっている」といっても、タンポポやムラサキカタバミの花が、明るくなると開く場合、まぶしいほどの太陽の光が当たる必要はありません。

たとえば、翌日に開くはずのタンポポやムラサキカタバミの切り花を、前の日の夕方から、温度が約二〇度に保たれた真っ暗な部屋に入れておきます。すると、朝になっても、部屋の中の温度は二〇度で真っ暗なままなので、ツボミは開きません。

そこで、蛍光灯の光を点灯すると、ツボミが開きはじめます。だから、ツボミは、蛍光灯の明るさを暗黒と区別して、光を感じていることになります。蛍光灯の光は、太陽の光に比べると、ずっと弱いです。

暗い部屋の蛍光灯の光は明るく感じますが、太陽の光が差し込んでいる場所で蛍光灯を灯しても、灯っているのかいないのかわからないほどです。そんな弱い光で、植物は、朝がきたことを感じ、花を開きはじめるのです。植物たちは、刺激に対して鈍感だと思われがちですが、そんなことはないのです。

「私たちは、刺激に鈍感なことはないのですよ。何気ない日常の中にある刺激を感じて、チャンスをとらえ、それに反応する能力は高いのですよ」という、植物たちの声が聞こえてきそうです。

朝に花を開く植物は、多くあります。その意義は、朝に明るくなったり、暖かくなったりすると、それにあわせてハチやチョウなどの虫が活動をはじめるからです。虫に花粉の移動を託す植物たちにとって、虫たちが活動をはじめると同時に花を開くのは、都合がいいのです。

植物たちからは、「何気ない日常の刺激を感じない鈍感な植物は、ひと花咲かせることができません。そのような植物は、子ども（タネ）を残せないので、すでに絶滅してしまっているか、ひっそりと命をつないでいるはずですよ」という声が聞こえてきそうです。

現在、私たちの身のまわりにいる多くの植物たちは、ひと花咲かせるために、何らかの刺激を敏感に感じているのです。

「これらの刺激は、葉っぱや茎が感じているのか、あるいは、ツボミが直接感じているのか」という疑問があります。その答えは、「ツボミが、直接感じている」です。なぜなら、植物からツボミだけを採ってきて、刺激を与えても、植物についている場合と同じように、ツボミは開花するからです。

三つ目の刺激は、次項で紹介します。

長い暗闇を抜けて、ひと花咲かせる植物の思いとは?

「明るくなる」や「暖かくなる」という刺激のない中で、ツボミを開かせる植物たちがいます。これらの植物たちは、どのようにして、同じ時刻にツボミを開かせるのでしょうか。「不思議に思いませんか」との植物たちの声が聞こえてくるようです。

このグループの代表は、アサガオです。アサガオでは、朝に花が開くと決まっています。アサガオは、朝に明るくなると、開花すると思われていますが、そうではありません。

アサガオのツボミは、品種により多少異なりますが、七月には、朝明るくなるころに開きます。しかし、九月から一〇月にかけては、朝明るくなる前の真っ暗な中で、開花します。朝の明るくなることが、開花の刺激となっていません。また、朝の明るくなる前の真っ暗な中で、温度が上昇することもありません。

とすると、「開花するためには、刺激が必要なのです」といわれますが、アサガオの場合、「ツボミが開くために、『暖かくなる』や『明るくなる』などという刺激がなくても、ツボミは開きはじめるのではないか」という疑念がもたれます。しかし、アサガオが開花するためにも、刺激は必要なのです。

朝の真っ暗な中で開花するツボミは、ずっと真っ暗な中で、育ってきたわけではありません。開花前日まで、朝から夕方までは明るく、夕方から朝までは暗いという毎日の明暗の繰り返しの中で、育ってきました。そして、開花する前の日の夕方にも、太陽が沈み、明るい環境から暗い環境に変化するという光環境の変化を受けています。

アサガオのツボミは、開花する前の日の夕方に、「明るい環境から暗い環境に変わる」という「暗くなる」変化を、敏感に刺激として感じるのです。アサガオは、この刺激を合図に、時を刻みはじめ、約一〇時間後にツボミを開くと決めています。

夏に、アサガオの花が明るくなるころに開くのは、そのころが、夕方暗くなってから、ちょうど約一〇時間後だからなのです。ですから、実際にツボミが開きだすときには、「暖かくなる」や「明るくなる」という刺激はありません。

「アサガオの場合、暗くなってから約一〇時間後ということに、どんな意味があるのか」

との疑問もあるでしょう。暗くなってから約一〇時間後というのは、この植物の花咲く季節である夏なら、ちょうど、朝明るくなりはじめ、ハチやチョウなどの虫が活動をはじめる時刻なのです。

　夏休みにアサガオの観察をしている子どもが、朝に明るくなるとツボミが開くことを観察して、「朝、明るくなる前に、明るい光をツボミに当てたら、もっと早く開くのだろうか」という疑問を抱くことがあります。

　アサガオのツボミは朝に明るくなると開くわけではないので、明るい照明の設備を準備して、朝方の暗いうちから、ツボミを照射しても、早く開かせることはできません。もし夏の朝早くにツボミを開かせようと思えば、朝に明るい光を当てるのではなく、逆に、前日の夕方に早く暗くすればいいのです。

　翌朝に咲くようなツボミをもった鉢植えのアサガオがあれば、夕方早くに段ボール箱をかぶせて暗くします。すると、約一〇時間後、朝明るくなる前に段ボール箱を取り除くと、ツボミは開いていています。

　自然の中では、秋がそれに当たります。秋には夕方早くに暗くなるので、アサガオのツボミは、そこから、時間を刻みます。その場合、暗くなってから約一〇時間後が朝の三時ころになります。

だから、秋には、真っ暗な中でアサガオは開花します。実際には、朝の温度が低いほど、早く開くという性質もあります。そのため、秋のアサガオの開花は、真っ暗な二～三時ころになります。

暗くなることが刺激となって、ツボミが開く時刻が決まっている植物かどうかは、暗黒のはじまる時刻を早めれば、開花する時刻が早くなることで確かめられます。もっと極端な場合、昼と夜を逆にすると、夜の開花を、昼に見ることができます。

結局、「暗くなる」ことを刺激として感じる植物たちは、ひと花咲かせるために、長い暗闇の中を通過せねばならないのです。植物たちは、「長い苦労の時代（長い暗闇）を抜ければ、ひと花咲かせることができるのですよ」と教えてくれているようです。

また、心がけ次第で、ただ暗くなるだけということが刺激になるのです。状況が暗くなっても、落胆することなく、それを刺激として感じ、明るい先を見つめて、暗闇に耐えるという、前向きな生き方をする植物たちの心に感服させられます。「植物は、えらい！」と、植物たちを讃えてやりたくなります。

「はたらきすぎると、命を縮めるよ」と教えてくれる！

一年中緑の葉っぱをつけている樹木は、常緑樹とよばれます。これらは、「葉っぱの寿命は長い」と思われがちです。しかし、個々の葉っぱの寿命は、何百年、何千年という樹木の寿命に比べると、そんなに長くはありません。

身近な常緑樹であり、何百年とか何千年といわれる樹齢を生きるクスノキでは、五月から六月にかけて、多くの葉っぱが枯れ落ち、新しい葉っぱと入れ替わります。このとき、「ほとんどすべての葉っぱが落葉し、新しい葉っぱと入れ替わる」といわれることがあります。それに対し、「約半分の葉っぱが落葉し、約半分の葉っぱが緑のまま生き残る」といわれることもあります。

「ほとんど全部が入れ替わる」のと、「約半分が入れ替わる」のとでは、クスノキの葉っぱの寿命は大きく異なることになります。ほとんど全部が入れ替わる」のなら、ほとんどの葉っぱの寿命は約一年です。「約半分が入れ替わる」のなら、ほとんどの葉っぱの寿命は二年以上です。

たしかに、同じ種類の樹木の葉っぱであっても、寿命の違いは見られます。この原因は、その樹木の育つ環境が異なるからです。葉っぱの寿命は、主に、温度や、光の当たり具合、湿度などに影響されます。

暖かく日当たりの良い場所で、多くの光合成を行うクスノキの葉っぱは、五～六月に、ほとんどすべてが入れ替わります。それに対し、温度が低かったり、日当たりがよくなかったりして、葉っぱがあまり多くの光合成ができないような場所で育つクスノキでは、それらの葉っぱの寿命が長くなり、五～六月に入れ替わる葉っぱの量が少なくなります。

一般に、葉っぱの寿命が尽きる落葉という現象は、その葉がどれだけ光合成を行ったかで決まることが多いと考えられています。よく光合成をした葉っぱの寿命は短く、光合成の量が少ないものの寿命が長くなります。

その葉っぱが生涯にできる光合成の量は、決まっているかのような現象です。葉っぱの働きは主に光合成ですから、葉っぱには、「生涯、はたらきすぎると寿命が短くなり、あまりはたらかないと寿命が長くなる」という性質があるようです。

「はたらきすぎると、命を縮め、寿命が短くなるということなら、はたらきすぎると、老化も速まるのか」との疑問も生じます。これは、イネの葉っぱで、実験をして確認することができます。イネの葉っぱの老化の進行は、葉っぱに含まれる緑の色素であるクロロフィルが減少し、葉っぱが黄色くなることでわかります。

お米を発芽させ、芽生えを栽培すると、イネの葉っぱが一枚ずつ出てきます。出てきた順に、第一葉、第二葉、第三葉と名前がつけられています。数値が大きくなるほど、あとから出てきた若い葉っぱです。

若い葉っぱが出てくると、次の葉っぱを生み出す栄養をつくるための光合成を行う役割は、古い葉っぱから若い葉っぱへ移動します。ですから、古い葉っぱは若い葉っぱが出てくると、光合成を激しくしなくてもいいことになります。

イネでは、若い葉っぱを容易に抜き取ることができます。第三葉のあとから出てくる第四葉以上を抜き取ると、第三葉はいつまでも光合成をしなければなりません。そのため、「はたらきすぎると、老化が速まる」ということなら、第三葉の老化が速まるはずです。

逆に、第四葉以上を抜き取らないと、第五葉、第六葉という若い葉が出てきて光合成をするので、第三葉の負担が減ります。そのため、「はたらきすぎると、老化が速まる」ということなら、第三葉の老化は抑えられるはずです。

実際に、第三葉を残して、あとから出てくる若い葉っぱを抜き取る場合と、抜き取らない場合で、第三葉の老化の具合を調べます。

その結果は、この予想の通りになります。すなわち、葉っぱは、はたらきすぎると、命を縮めるだけでなく、老化が速まるのです。植物たちは、「自分たちだけでなく、人間にも、これは当てはまるのですよ」と教えてくれているようです。

（二）人間の刺激に心で反応するようなしくみ

やさしい声をかけて育てられた植物の思いとは？

「やさしく励ます言葉をかけて植物を育てると、きれいで美しくりっぱな花が咲く」などといわれます。もしこれがほんとうなら、まるで、植物に心があるかのような現象です。でも、残念なことに、やさしく声をかけて育てたからといって、植物たちが特別にきれいで美しくりっぱな花を咲かすことはありません。

しかし、「やさしく励ます言葉をかけて育てると、きれいで美しくりっぱな花が咲いた」と、自分の経験を根拠にして言う人がいます。そのような人たちは、言葉をかけながら、植物を撫《な》でたり触ったりしているのです。

植物たちは、言葉は理解できませんが、「触られる」という刺激を感じるのです。触られるという刺激を感じた植物は、触られていないものに比べて、茎が太くなり、伸びるのが遅くなって、背丈が低くなります。背丈を伸ばすための栄養が太くなるのに使われるので、太く短くたくましい茎になるのです。

茎が太く短くたくましくなった植物たちは、大きくりっぱな花を咲かせることができます。なぜなら、植物たちは、自分のからだで支えられる大きさの花を咲かせるからです。支えられない大きな花を咲かせると、倒れてしまいます。大きくりっぱな花は、「きれいで美しくりっぱな花」と形容されます。

それに対し、触られなかった植物は、茎が細く背丈が高くなります。そのため、長く伸びた細い茎では、大きくりっぱな花を支えられないので、自分で支えられる小さな花を咲かせます。

このように、説明したとき、「自分のからだで支えられる大きさの花を咲かせるとは、植物って、かしこいのですね」と感心されることがあります。でも、植物たちにすれば、「支えられないほど大きい花を咲かせて、倒れてしまうという愚かな植物なんていませんよ。これで、かしこいと誉めてもらえるとは光栄です」と、照れているでしょう。

きれいで美しくりっぱな花が咲くのは、やさしい言葉をかけながら、撫でたり触ったりした結果です。けっして、植物がやさしい励ましの言葉を聞き分けて、その期待に応えようとした結果ではありません。

そのように説明したあとにも、「植物が触られることを感じ、きれいで美しくりっぱな花を咲かせることはわかったが、ひょっとすると、やさしい励ましの言葉も理解しているのではないのか」と疑念を残す人もいます。そんな人に「植物がやさしい励ましの言葉を理解していない」ことを納得してもらうには、簡単な実験で十分です。

毎日やさしい励ましの言葉をかけるのではなく、ひどい悪口をいいながら、あるいは、叱り飛ばしながら、触りまくって育ててもらうといいでしょう。やさしく励ます言葉をかけながら触りまくって育てたときと同じ、きれいで美しくりっぱな花が咲きます。

触って育てた場合、植物は、〝触られる〟という刺激を感じると、からだの中で「エチレン」という気体を発生させます。エチレンには、茎の伸びを抑えて、茎を太くする作用があるのです。

ですから、植物は接触するという刺激を感じると、エチレンによって、茎が太く短くなり、背丈の低いたくましい芽生えになるのです。植物たちの反応が、私たちの思いやりや励ましの心に反応しているものではないことがわかってしまうと、植物たちは、私たちの期待を裏切ったようで、申し訳なく思っているかもしれません。

触られるオジギソウの思いとは?

葉っぱに触れると、葉っぱはすぐに閉じ、葉っぱがつけ根から垂れ下がる植物があります。その姿がお辞儀をするようなので、この植物には「オジギソウ」という名前がついています。

触ると垂れ下がる現象が敏速なので、英語名は、「センシティブ・プラント(敏感な植物)」です。また、お辞儀をする様子が、恥ずかしがっているように受け取られ、「恥ずかしがりの植物」との意味で、「シャイ・プラント」や「シェイム・プラント」とよばれることもあります。

お辞儀をするオジギソウの姿を観察してください。茎から一本の葉柄《ようへい》が伸び、葉柄の先で四枚の羽のような「羽《う》

オジギソウの四枚の羽片

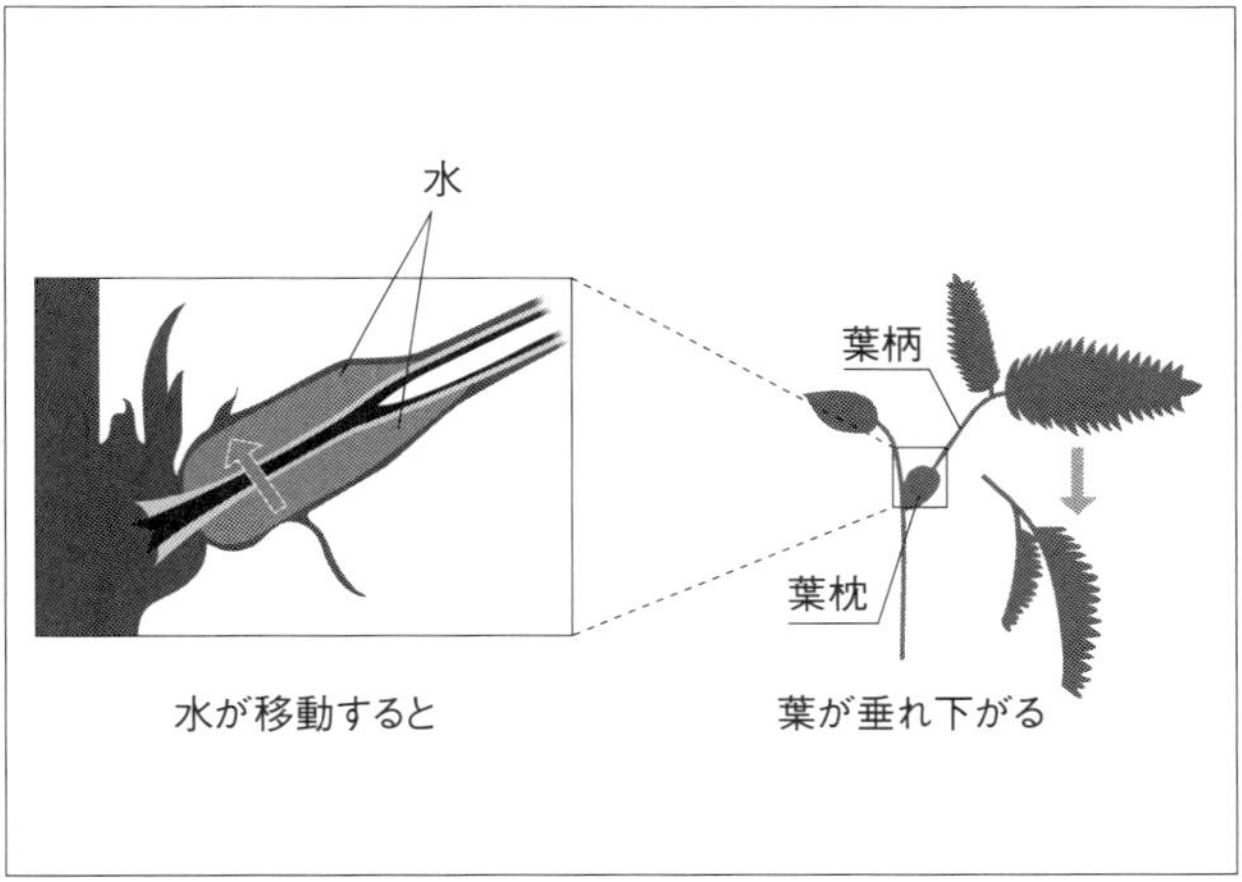

葉柄が垂れ下がるしくみ

片《へん》」とよばれる葉っぱに分かれます。羽片のそれぞれに、「小葉」とよばれる小さな葉っぱが向かい合わせに、少ない場合には五〜六対、多い場合には一〇対以上がついています。この植物では、これらのすべてを含めて、葉柄から先が一枚の葉っぱなのです。

「手で触れると、葉っぱが閉じる」と表現されますが、その葉っぱの運動は、そんなに単純なものではありません。小葉に手で触れると、まず最初に、対になっている小葉が合わさって閉じます。次に、小葉を閉じた四枚の羽片は寄り添うように接近し、葉柄は茎についている基部で垂れ下がります。羽片が寄り添うように接近するのと、葉柄が垂れ下がる順序は、必ずしも決まっていないようです。

これらの運動をおこさせる箇所は三箇所あるのですが、どこでも同じようなことがおこっています。ここでは、三箇所の一つである、葉柄の基部が垂れ下がるときにおこる出来事を紹介します。これが、もっともわかりやすく、お辞儀をするように見える現象です。葉柄を支えている部分に、「葉沈《ようちん》」とよばれる、膨らんだ部分があります。この膨らみには、水がいっぱい入っています。そんなときには、葉柄を上向きに支えていることができます。

ところが、「触る」という刺激が伝わると、この部分から水が抜けます。水が抜けるのは、膨らみの下のほうと決まっています。膨らみの下のほうから水が抜け、抜けた水が上の膨らみに移動します。

すると、上向きに支えていた部分から水がなくなったのですから、支える力がなくなり、葉柄が垂れ下がります。上の膨らみには水が増えたのですから、上は膨らみ、ますます、葉柄は下に垂れます。

二〇〜三〇分が経過すると、垂れ下がっていた葉柄は再び立ち上がってきます。「触る」という刺激で水が抜けた膨らみの下のほうに、また水が戻ってきて、その部分が膨らみはじめるからです。

「触れられたときに葉っぱが閉じるという運動をすることは、この植物にとって、どんな意義があるのか」という疑問があります。オジギソウは、「何を思って、お辞儀をしているのか」と、オジギソウの心をのぞき込むような疑問です。いろいろな理由がいわれますが、確かなことは、「自分の身を守るため」と考えられます。

この植物の原産地は、ブラジルです。強い雨が降り、葉っぱが開いていると傷つきます。そこで、それを防ぐために閉じるといわれます。「ほんとうにそうなのか」と思われるかもしれませんが、この意義はまんざら的を外したものではないでしょう。というのは、コスモスの葉っぱにもよく似たことがいわれます。

コスモスの葉

コスモスの葉っぱは、一枚に深い切れ込みが多くあり、広い部分がありません。「この葉っぱは、なぜ、こんな形をしているのか」と疑問をもたれます。これに対し、「ふつうの葉っぱより風通しが良く、原産地メキシコで強い風に吹かれても倒れにくい形である」といわれます。強い風や雨への対策は、植物の葉っぱには大切なのでしょう。

オジギソウの葉っぱの運動の意義について、もっとわかりやすい説明は「動物に食べられないように閉じる」ということです。この植物には、トゲがあります。だから、葉っぱが閉じれば、茎にあるトゲが露出します。動物はトゲを避けては食べにくいので、嫌がって食べないでしょう。

「動物が食べようとして触れると、葉っぱが動くので〝びっくり〟して、動物が食べるのをやめる」ということもあるかもしれません。また、「葉っぱが閉じた姿は、〝食欲をそそらない〟」ともいわれます。

たしかに、葉っぱが閉じた姿は貧弱で、おいしそうには見えません。だから、身を守るのには役に立つのかもしれません。「葉っぱが閉じてしまうと、動物がもう葉っぱを全部食べたと、〝満腹感を錯覚させる〟効果がある」という人もいます。

これらがほんとうかどうかは、動物に尋《たず》ねてみないとわかりません。オジギソウが、〝びっくり〟させたり、〝食欲をそそらなく〟させたり、〝満腹感を錯覚〟させたりすることなどを期待して、葉っぱの運動をしているとは、思えません。

もし、ほんとうに、植物たちに、そのような道化《どうけ》た思いがあるのなら、是非、心を通わせ、話がしてみたいものです。

冬の夜に、電灯で照明される温室で育つ植物の思いとは？

冬の夜、明るい電灯がついている温室がありますが、これは、温室内の昼の時間を長くし、夜を短くして、植物たちの花咲く時期を調節しているのです。なぜなら、植物たちは、夜の長さに反応し、花を咲かせるからです。

たとえば、キクは、夜が長くなると、ツボミをつくり、花を咲かせる植物です。しかし、キクの花は、日本ではお祝いごとがあっても不幸な出来事があっても必要ですから、一年中、供給されなければなりません。

そこで、温室の中を電灯で明るくし、昼を長く夜を短くして、キクに季節を誤解させるのです。こうして長い夜を与えずに栽培すると、キクはいつまでもツボミをつくりません。電灯で照明するので「電照栽培」といわれます。

花の出荷日に合わせて、ツボミが成長して花が咲くように、電灯を消したり、夕方から黒いカーテンで覆ったりして、ツボミをつくるのに必要な長い夜を与えるのです。すると、ツボミができ、やがて花が咲きます。

たとえば、お正月用のキクの花を出荷するためには、品種にもよりますが、一一月中旬まで、夜に電灯をつけたままの温室で栽培します。そのあと、電灯を消して長い夜を与えると、お正月に間に合うように花が咲きます。植物たちは、「睡眠不足になったけれども、おめでたい新年のお祝いに間に合ってよかった」と胸をなでおろしてくれるでしょう。

電照栽培は、刺身などに添えられる青ジソの葉を供給するためにも使われます。家庭菜園などでは、シソは春に発芽し、夏から秋にかけて、葉っぱを次々とつくりだすので、その葉っぱを利用できます。

しかし、寒くなると、シソは寒さのために枯れます。そのため、一年中、刺身に青ジソの葉っぱを添えるためには、暖かい温室で栽培することが必要です。さらに、もう一つ、大切なことがあります。

この植物は、夏至を過ぎて昼が短くなり夜が長くなると、ツボミをつくって花を咲かせます。花が咲いたあとには、葉っぱに含まれていた栄養がタネをつくるために使われ、秋には葉っぱの緑の美しさが失われます。

そのため、きれいな緑色をした青ジソの葉っぱを一年中、手に入れるためには、温室の中でツボミをつくらせてはいけません。温室で栽培する秋から冬は、夜が長くなります。

ですから、放っておけば、ツボミができ、花が咲きます。そこで、寒さを避けて温室で栽培するだけでなく、長い夜を与えないように、夜に電灯で照明をする「電照栽培」が行われるのです。

このように、夜に電灯で照明される温室で栽培される植物たちは、「もう少しゆっくり眠らせてくださいよ」と目をこすっているかもしれません。植物たちは、このように栽培されることを迷惑がっているのか、ここまでして栽培してもらっていることに喜んでいるのかはわかりません。

でも、「人間は、植物たちのもつしくみを知ると、いろいろうまく利用するものだ」と驚いて感心しているでしょう。

昼に花を咲かせるゲッカビジンの思いとは？

ゲッカビジンは、白い大きな花を、夜の十時ころに、芳香を放ちながら誇らしげに、ゆっくり開きます。寿命ははかなく、満開になって数時間後には、見守る人々に惜しまれながらしぼみます。

その風情は、「月下の美人」の名前にふさわしいです。開花が夜の一〇時ころですから、植物園などでは、ゲッカビジンの花を、夜に開園していないと、見てもらうことができません。しかし、夜にわざわざ開園するのはたいへんでしょう。そこで、この花を昼に開かせる方法が工夫されています。

ゲッカビジンを昼に開花させるのは、意外と簡単です。開花しそうな三日前くらいの大きく膨らみはじめたツボミをもった鉢植えを、昼は暗い部屋に入れるか、その鉢植えに段ボール箱をかぶせます。とにかく、ツボミに光を当てないようにします。

ゲッカビジンの花

一方、夜には、その鉢植えに蛍光灯の光を当てます。こうして、三日間、昼と夜を逆転させて、〝時差ボケ〟状態にすると、三日後に、午前中から午後二時ころにかけて開花を見ることができます。

本章の「『真夜中に、起こさないで』という植物たちの思いとは？」で、アサガオは、暗くなることが刺激となって、ツボミが開く時刻が決まっている植物であることを紹介しました。そして、「暗黒のはじまる時刻を早めれば、開花する時刻が早くなることで確かめられます。もっと極端な場合、昼と夜を逆にすると、夜の開花を、昼に見ることができます」と紹介しました。この極端な場合が、ここで紹介した、ゲッカビジンの花を昼に開かせる方法なのです。

オシロイバナ、ホテイアオイ、ハゼラン（三時の天使、あるいは、スリーオクロック・エンゼル）、ビヨウヤナギ、ハイビスカス、クチナシなど多くの植物が、温度や光条件の変化という刺激のないときに、ツボミを開きます。これらの植物は、ある時刻から時を刻んで、ツボミを開くと思われます。その時を刻みはじめるために、「暗くなる」という刺激が大切な働きをします。

身近な多くの植物たちが、真っ暗な中で時を刻むという、自分たちの精巧な時計をもっているのです。私たち人間の生物時計と同じです。

ゲッカビジンが花を咲かせている真っ暗な夜中に、花粉を運んでくれる主な虫は、夜行性のスズメガです。ですから、このような方法で、花を咲かされると、ゲッカビジンには迷惑な話です。植物たちは、「これは、自分たちのしくみの利用ではなく、悪用だ」と思っているでしょう。

貨車で運ばれたリンゴの思いとは？

　ある年の「母の日」に「カーネーション事件」がおこりました。この日のために、カーネーションの栽培地の長野県から大阪府に向けて、ツボミをもったカーネーションが運ばれてきました。ところが、そのカーネーションのツボミは、花開くことなく、すべて萎れてしまったのです。

「その原因は、なぜなのか」と調べられると、このカーネーションは、鉄道の貨車に積み込まれて運ばれていました。その貨車には、カーネーションといっしょに、リンゴが詰められたリンゴ箱が積み込まれて運搬されていたのです。

　成熟したリンゴからは、エチレンという気体が発生することがわかっています。この気体は、「果物の成熟ホルモン」であり、果実を成熟させるとともに、成熟した果実から放出されることがわかっている気体です。だから、同じ貨車に積まれていたリンゴ箱からは、多くのエチレンが発生し、貨車の中に充満していたのでしょう。

　カーネーションの花は、エチレンに敏感に反応して萎れるのです。この気体が空気中に八万分の一という低い濃度で含まれるだけで、カーネーションのツボミは、花開かず、萎れてしまうのです。ですから、貨車で、この気体を吸っていたツボミは、花開くことなく萎れてしまったのです。

貨車で運ばれている途上では、カーネーションは、エチレンをなるべく吸わないように息を止めていたでしょう。「せっかく、母の日を目指して育ってきたのに」と残念な思いであったろうと思われます。

開いた花は、自分で発生させるエチレンでも萎れてしまいます。そこで、切り花として市販されるときには、日持ちがするように、発生するエチレンの作用を抑制する薬品を吸収させていることもあります。

また、切り花として長持ちさせるため、品種改良が行われてきました。エチレンの発生量の少ない品種どうしの交配が繰り返された結果、ほとんどエチレンが発生せず、「従来の品種より三倍長持ちする」といわれる品種が生まれました。

それが、「ミラクル・ルージュ」です。花が三倍も長持ちするので、ミラクル（不思議な）であり、ルージュは「ほお紅」や「口紅」を意味し、花の赤色を表しています。現在では、「ミラクル・シンフォニー」という同じ性質の、白色の花に赤い絞りが少しまじる品種も開発されています。

エチレンは、カーネーションの花を萎れさせるだけでなく、新鮮な野菜を老化させます。

たとえば、新鮮なホウレンソウは、「成熟した果物と同じ段ボール箱に詰めてはいけない」といわれます。これは、ホウレンソウがこの気体を吸って萎れるためです。

「新鮮な野菜を売っている」と評判の八百屋さんやスーパーマーケットでは、ホウレンソウは、立てて置かれていることがあります。寝かせて置かれると、エチレンを多く発生し、新鮮さを失うホウレンソウは、感謝しているでしょう。

冬の寒い室内に置かれた切り花の思いとは？

「『切り花は、冬の寒い室内で、長持ちする』といわれますが、なぜですか」と聞かれることがあります。それは、「冬の室内は、温度が低いから」が答えです。切り花が置かれている部屋の温度は、切り花の寿命に影響します。なぜなら、切り花が呼吸をしているからです。呼吸には、エネルギーを使います。

温度が高いほど呼吸は激しくなり、花の老化が促されます。呼吸が激しくなると、切り花に蓄えられている、栄養が急速に使われてしまいます。ですから、温度を低くすると、呼吸が抑制され、花の老化の速度が遅れ、花の寿命は長くなります。

たとえば、同じ日に開いた花を、一〇度、一五度、二〇度、二五度の部屋に置いておくと、温度が低い部屋に置かれたものほど、元気で長持ちします。

ですから、夏なら、冷房していない部屋より、冷房している部屋に置かれる切り花は長持ちします。冬なら、暖房していない部屋に置けば、暖房している部屋に置かれるより、切り花は長持ちします。

「切り花を長持ちさせるために、水に何を加えたらよいでしょうか」と聞かれれば、いろいろな答えがあるでしょう。でも、もっとも確実なのは、ブドウ糖やショ糖などの糖分を加えることです。

なぜなら、花は呼吸をしてエネルギーを使うので、呼吸のために必要な物質が必要です。それは、ブドウ糖やショ糖などの糖分です。これらは、葉っぱに光が当たると光合成でつくられる物質です。

ところが、多くの場合、切り花にはほとんど葉っぱはありません。たとえ切り花の茎に葉っぱがついていても、枚数はわずかです。また、小さい葉です。そして、切り花は光が弱い室内に置かれます。そのため、わずかな光合成しかできません。

エネルギー源となる糖分がつくられないと、植物がイキイキと生きることはできません。そこで、エネルギー源となる糖分を与えると、花は長持ちします。水に少し糖分を加えて花に吸収させると、花は元気に長生きします。

ただ、どのくらいの濃度の糖分を水に加えたらいいかは、むずかしい問題です。糖分は、花の呼吸に役立つと同時に、細菌の増殖を促すからです。水にカビが生えると、切り花が水を吸い上げる通路である、茎の中の道管をふさがれることもあります。すると、水揚《あ》げが悪くなり、切り花の寿命が短くなります。

目安としては、約五倍に薄めた清涼飲料水が花を長持ちさせるとか、一パーセントの糖分の濃度が有効だとかいわれます。しかし、これらの目安が、すべての植物の切り花には通用しないので、むずかしいのです。

糖分とともに、細菌の繁殖を抑える殺菌剤を同時に与えるのも、一つの方法です。この場合、殺菌剤が強すぎると花の寿命を短くしますから、その濃度も殺菌剤の種類により、試行錯誤しなければなりません。

切り花たちは、「私たちがせっかく咲かせた花なのですから、いろいろな工夫をして、なるべく長く生かしてくださいね」と願っているでしょう。

第五章

植物の心、日本の心

植物たちの心は見えないので、その正体はわかりません。それなのに、私たちは、植物の「心」を感じようとします。私たちは、遠い昔から、植物に「心」を求め、感じ、「心」を通わせてきました。

その象徴が、絵に描かれ、和歌や俳句に詠まれ、童謡などに口ずさまれ、生け花などの素材となってきた植物たちです。それらの代表が、サクラです。

本章では、花木の代表であるサクラが、春に〝ひと花咲かせる〟ために、一年間をかけて、どのような準備や努力をしているのかを紹介します。サクラが〝ひと花咲かせる〟ために、どのような思いをもち、また、その思いを支える巧妙なしくみをどのように凝らしているのかを知ってください。

サクラ以外にも多くの植物たちが、古くから、『万葉集』や『古事記』に詠まれて親しまれてきています。その中でも、「日本人の心の花」といわれるのは、ウメ、キクなどです。これらについて紹介します。

（一）サクラの心情を探る！

開花の準備に一年間をかけるサクラの思いとは？

私たちが、人生の途上で、〝ひと花咲かせる〟のは、容易ではありません。苦労が報われ、何かが成し遂げられると、〝ひと花咲かせた〟といわれます。

一方、植物たちは、毎年、決まった季節に、ひと花を咲かせます。そのため、植物たちには〝ひと花咲かせる〟のは、そんなにむずかしいことのようには思われません。しかし、そうではないのです。植物たちにとっても、〝ひと花咲かせる〟のはたいへんなのです。

サクラは、春に花を咲かせると、「きれい」や「美しい」、「はなやか」と、もてはやされます。しかし、花を咲かせるためには、まず、ツボミがつくられなければなりません。ツボミは、いつ、つくられるのでしょうか。

春に花を咲かせるサクラのツボミは、開花する前の年の夏、七～八月につくられるのです。ということは、サクラの開花の準備は、春の花の季節が終わると、すぐにはじまっているのです。これは、第三章の「寒さに耐える樹木の思いとは?」(100ページ)で紹介したように、サクラに限らず、春に花を咲かせる花木類に共通です。

サクラは、〝ひと花咲かせる〟ために、ほぼ一年も前から、春の開花の準備をしているということになります。一年間もかけて、何をしているのでしょうか。

冬を乗り越えるサクラの越冬芽

夏にツボミができることを知ると、「なぜ、秋に花が咲かないのか」という不思議が生まれます。もし夏にできたツボミがそのまま成長して秋に花咲いたとしたら、サクラは、タネをつくるまでに月日がかかるので、すぐにやってくる冬の寒さのために、タネはつくられません。とすると、子孫が残りません。もしそうなら、種族は滅んでしまいます。

サクラは、せっかくつくったツボミを無駄にしないために、秋に、ツボミを包み込む「越冬芽」をつくります。越冬芽は、「冬芽」ともよばれ、冬の寒さを越えるためにつくられる硬い芽です。ツボミは、越冬芽の中に包み込まれ守られることで、冬の寒さに耐え、花咲く春を待つのです。

越冬芽は葉っぱが、夏から秋に向かって、だんだんと長くなる夜の長さを感じてつくられることは、第三章で紹介しました。葉っぱが長い夜を感じたあと、どのように越冬芽がつくられるのかを次項で紹介します。

葉っぱから芽に送られる合図とは?

越冬芽は葉っぱが、夏から秋に向かって、長くなる夜の長さを感じてつくられます。だんだんと長くなる夜の長さを感じるのは、「葉っぱ」です。それに対し、越冬芽がつくられるのは、「芽」です。

とすれば、葉っぱが「長くなる夜を感じた」という知らせが、「芽」に送られねばなりません。「葉っぱから芽に、どのような合図が送られ、越冬芽はつくられるのか」という不思議が浮上します。

葉っぱは、夜の長さに応じて、「アブシシン酸」という物質をつくります。そして、それが葉っぱから芽に送られます。芽の中にその物質がたまってくると、芽が越冬芽に変わるのです。

「葉っぱから芽に、アブシシン酸は、どこを通って送られるのか」という疑問があるかもしれません。葉っぱは、光を受けて光合成という反応をしています。それでつくられる物質は、芽の成長に使われます。

そのために、葉っぱから芽に光合成の産物を送るための通路が、茎の中にあります。それは、「師管《しかん》」とよばれます。葉でつくられたアブシシン酸は、この師管を通って、芽に送られると考えられます。

このようなきちんとしたしくみで越冬芽ができ、夏にできたツボミが包み込まれるのです。越冬芽に包み込まれたツボミは、寒さから守られて、春を待ちます。そのため、秋に花が咲くことはないのです。

ところが、現実には、春に咲くはずのサクラの花が、秋に咲くことがあります。秋に花が咲かないようにするきちんとしたしくみがあるのに、「なぜ、秋に、サクラの花が咲くことがあるのか」という新たな疑問が生まれます。

サクラの花が秋に咲くと、新聞やテレビなどのメディアでもてはやされて、報道されます。そして、秋にサクラの花が咲く原因として、「秋早くに激しい冷え込みが続いて、サクラが冬の通過と勘違いし、その後の暖かい日差しの中で花を咲かせたのだ」と説明されることがあります。この可能性がないわけではありません。

しかし、秋に花を咲かせたサクラには、多くの場合、「夏に毛虫が大量に発生して、葉っぱをほとんど食べられてしまった」という前歴があります。「夏に毛虫に葉っぱをほとんど食べられることと、秋にサクラの花が咲くことには、どのような因果関係があるのか」との疑問がおこります。

越冬芽をつくるしくみを考えると、その因果関係は見えてきます。葉っぱが秋に長くなる夜を感じてアブシシン酸をつくり、それが芽に送られると、越冬芽はつくられます。そのしくみでは、葉っぱが大切な働きをしています。

「もしも、夏に、毛虫に食べられて、葉っぱがなくなってしまったら」と考えてください。夏に葉っぱがなくなると、秋になっても、夜の長さは感じられず、アブシシン酸がつくられません。

そのため、芽にはアブシシン酸が送られてきません。とすれば、越冬芽がつくられず、ツボミは越冬芽に包み込まれることはありません。ですから、春と同じような秋の暖かさの中で、ツボミは花咲いてしまうのです。

「夏に毛虫に葉っぱをほとんど食べられてしまって、秋に花が咲く」という現象以外に、春に咲くはずのサクラの花が、秋に咲くことがあります。雨の降らない台風が来ることが原因です。

たとえば、二〇〇四年の初秋、兵庫県神戸市に雨の降らない台風が来て、多くのサクラの花が咲きました。また、二〇一八年の秋、全国のあちこちで、雨の降らない台風のあとに、サクラの花が咲き、話題になりました。

これらの例では、上陸した台風が雨を降らせなかったために、葉っぱが枯れたのです。葉っぱが枯れてなくなると、花が咲くのは、葉っぱが毛虫に食べられる場合と同じ理由です。そのため、台風が過ぎ去った約二週間後、全国のあちこちで、サクラの花が咲いたのです。

「なぜ、雨の降らない台風が来ると、葉っぱが枯れるのか」と疑問に思われるかもしれません。これは、「塩害」で、葉っぱが枯れ落ちたためです。塩害というのは、文字通り、「塩の害」です。

台風は、海を越えて日本にやってきます。海の上を通過中には、すごい波が立ちます。その波しぶきの塩水を含んで、台風は上陸し、サクラの葉っぱに吹きつけます。ですから、多くの塩水が葉っぱにつきます。その塩水に含まれる塩のために、葉っぱが枯れ落ちるのです。台風の強い風で葉っぱが吹き飛ばされるわけではなく、「塩害」で、葉っぱが枯れ落ちるのです。

ふつうの台風では、多くの雨を伴うために、運ばれてきた塩水がサクラの葉っぱに付着しても、塩は雨で洗い流されます。ところが、雨が少ない台風の場合、葉っぱについた塩が洗い流されず、塩害がおこります。そのため、サクラの花が咲いてしまうのです。これが、台風によって、秋にサクラの花が咲く現象なのです。

「秋に、サクラの花が咲く」という現象は、ツボミが単純に季節を間違えておこっているわけではないのです。植物のきちんとしたしくみに基づいておこっているのです。

秋にサクラの花が咲くと、季節外れに花が咲いたという意味で「不時《ふじ》咲き」といわれたり、「狂い咲き」というひどい言葉が使われたりすることがありました。しかし、秋に花が咲くしくみがよく理解されると、このような言葉は適切ではないことがわかります。

二〇一八年の秋、台風のあとに全国のあちこちでおこったサクラの開花は、いくつかのメディアで、「台風からの贈り物」や「台風の置き土産」という言葉が使われていました。しくみを基にした、的を射た表現と思われます。

「秋に花が咲いてしまうと、翌年の春の開花はどうなるのか」と心配されます。夏につくられたツボミが秋に咲いてしまうと、そのツボミは翌年の春に花咲くことはありません。でも、秋に多くの花が咲いているように感じても、その個数はそんなに多くはありません。

一本のサクラの木につくられているツボミの個数は想像以上に多いものです。そのため、翌年の春には、何ごともなかったように、サクラの開花を楽しむことができるはずです。

用心深いサクラの心がけとは？

春になると、サクラのツボミがほころんできて、花を咲かせます。まるで、暖かくなるのを待ちわびていたかのように、いっせいに花が咲きます。「どのようにして、サクラは、春の訪れを知り、ツボミをほころばし、花を咲かせるのか」という素朴な不思議が感じられます。

「なぜ、春になると、花が咲いてくるのか」と問いかけてみると、多くの人から、「春になって、暖かくなってきたから」という答えが即座に返ってきます。「暖かくなってくるから、春に、サクラの花は咲く」と思われているのです。

たしかに、春に暖かくなると、サクラの花が咲くのは事実です。ですから、「春になって、暖かくなってきたから」というのは、間違いではありません。でも、何か物足りません。この答えは、ツボミが春に花咲くためにしている準備に触れていないからです。越冬芽から花が咲くためには、暖かくならなければなりませんが、暖かいからといって、花は咲くものではありません。たとえば、秋にできた越冬芽をもつ枝を、冬の初めに暖かい場所に移しても、花が咲くことはありません。

ツボミを包みこむ越冬芽は、秋から冬にかけて成長せず、じっと同じ状態にあります。これを見ていると、「気温が低いために成長しない」という印象を受けがちです。しかし、そうではないのです。越冬芽は、〝眠っている〟状態なのです。

越冬芽が〝眠っている〟とは、どんな状態なのでしょうか。「温度が低いために成長しないことと、どのように違うのか」との疑問がおこります。もし気温が低いために成長しないのなら、暖かい場所に移せば、芽は成長するはずです。

実際に、春になって、越冬芽のついた枝を切り取り、暖かい室内に置くと、花が咲きはじめます。ところが、晩秋か初冬に、越冬芽のついた枝を切り取り、暖かい室内に置いてみても、花は咲きはじめません。

晩秋か初冬には、気温が低いために、花が咲かないのではないのです。そのため、冬の間、越冬芽には、〝眠っている〟という表現が使われます。これは、越冬芽になるために芽にたまったアブシシン酸が原因です。わかりやすく言えば、アブシシン酸が睡眠導入剤のようなものとなって、眠らせているのです。

この表現は、擬人的なものかもしれませんが、植物学的にも使われるものです。〝眠り〟の状態にある越冬芽は、「休眠芽」ともいわれます。暖かさに出会っても花を咲かせない越冬芽は、〝眠っている〟状態であり、「休眠している芽（休眠芽）」と表現されるのです。

サクラは、秋に夜が長くなることを感じて、ツボミを〝眠り〟につかせているのです。越冬芽をつくりはじめる原因となったのは秋の夜の長さであり、秋の夜長は、サクラの芽を〝眠り〟へと誘う子守り歌のようなものなのです。

冬の寒さを体感して、花咲く準備をする心がけ

では、「眠っている越冬芽は、どうすれば、〝眠り〟から目覚めるのか」という疑問がおこります。冬の寒さを感じる前の越冬芽の中には、越冬芽をつくるために葉っぱから送られてきたアブシシン酸が多く含まれています。

これは、芽を眠らせ、越冬芽にした物質です。ですから、これが越冬芽の中に多くある

限り、暖かくなったからといって、花が咲くことはないのです。花が咲くためには、まず、越冬芽の中のアブシシン酸がなくならねばなりません。

この物質は、寒さに出会うと、分解されてなくなります。寒さを感じることで、越冬芽の中で、アブシシン酸は分解されて消失するのです。越冬芽がこの状態になることは、〝目覚める〟と表現されます。

ということは、花が咲くためには、越冬芽が寒さにさらされねばならないのです。冬の寒さで、アブシシン酸は分解され、越冬芽は、眠りから目覚めます。しかし、目が覚めたといっても、そのときには、まだ寒いので、越冬芽は、目覚めたまま、暖かくなるのを待ちます。

秋に越冬芽に包みこまれたツボミが、春に花を咲かせる現象に、「春には、暖かくなってくるから」という答えがもの足りないと感じる理由は、わかってもらえるでしょう。暖かくなって、〝ひと花咲かせる〟前に、きびしい寒さに遭わなければならないことに触れていないからです。

きびしい寒さに遭って、〝眠り〟から目覚めたツボミは、暖かさに反応して、開花します。暖かくなれば開花するために、越冬芽の中で、何かの変化がおこることになります。いったい、開花するために、どのような変化が越冬芽の中でおこるのでしょうか。

冬の寒さを感じたあとに暖かくなって、開花するために、目覚めた越冬芽の中に、「ジベレリン」という物質がつくられるのです。ジベレリンは、ツボミの成長を促し、越冬芽から花が咲くのを促す物質です。春に暖かくなると、開花するために越冬芽の中でおこる変化とは、ジベレリンがつくられることなのです。

ですから、「なぜ、春になると、花が咲いてくるのか」の答えは、「眠っていた越冬芽が寒さを感じると、芽を眠らせているアブシシン酸が分解されて消失する。これで、ツボミは開花ができるように目覚めた状態になる。そして、暖かくなるにつれて、開花を促す物質であるジベレリンが合成されて、開花がおこる」ということになります。

「春になると、サクラの花が咲く」という現象の裏に、〝冬の寒さ〟の通過を確認して目覚め、〝春の暖かさ〟に反応して花を咲かせるという、〝二段階のしくみ〟が、越冬芽の中ではたらいているのです。

開花宣言を早く出したいサクラの思いとは?

冬のきびしい寒さを感じたあとに、春の暖かさに反応して花が咲くという性質は、サクラの代表的品種であるソメイヨシノの〝日本一早い開花宣言〟に大きく影響します。春の暖かさに反応して花が咲くことは、ソメイヨシノが春に暖かい地方から早く咲きはじめることで、よく理解できます。

これを裏づけるように、ソメイヨシノの開花日の観測が正式にスタートした一九五三年以降、もっとも早く「開花宣言」を出した回数が多いのは、四国の高知市（高知県）や、九州の熊本市（熊本県）や鹿児島市（鹿児島県）などの暖かい地域の都市です。

ソメイヨシノの開花宣言が出るころ、一つの疑問が多くの人々の心に浮かびます。「自分の暮らしている都市で開花宣言が出されているのに、身近にあるソメイヨシノのツボミはまだ硬いままである。どこのソメイヨシノが開花したのだろうか」というものです。

この疑問は、「開花宣言は、全国の定められた場所にあるソメイヨシノの標本木の開花状況を見て出される」ということで納得されます。標本木は、各都市の気象台の敷地内やその近くにある公園や神社などに育っています。

たとえば、札幌市では北海道神宮、東京都心では靖国神社、横浜市では元町公園、名古屋市では名古屋地方気象台、大阪市では大阪城、和歌山市では紀三井寺《きみい》、神戸市では王子公園、高知市では高知城などで育っているソメイヨシノが標本木となっています。

そのことを知って、標本木を見に行っても、「ほとんど開花していない」という不満があります。その理由は、「標本木として定められている木に、五～六輪の花が咲けば、開花宣言は出される」と決まっているためです。

開花宣言は、わずか五～六輪の花が咲くだけで出されるのです。ですから、実際に満開に咲き誇る花見を楽しめるのは、そのあとの暖かさにもよりますが、開花宣言が出てから一週間後ぐらいになります。

ソメイヨシノは、春に暖かい地方から早く咲きはじめます。そのため、開花宣言が出される場所は、暖かい南の地方から北上します。ところが、東京都心や横浜市、静岡市から、「日本で一番早い開花宣言」が出されることがあります。「なぜ、暖かいはずの四国や九州ではなく、東京都心や横浜市、静岡市が一番なのか」という不思議が生まれます。

このような年には、開花予想のときから、暖かい四国や九州の都市ではなく、「東京都心や横浜市、静岡市がもっとも早く開花する」といわれます。そして、実際に、これらの都市から「日本一早い開花宣言」が出されるのです。

早春に、東京都心や横浜市、静岡市などが、四国や九州の都市と同じほど暖かかったら、そのような現象がおこる可能性があります。しかし、それらの都市が、早春に、四国や九州と同じほど暖かいということは、ほとんどありません。

なぜ、暖かいはずの四国や九州ではなく、東京都心や横浜市、静岡市で開花宣言が一番早くなるのでしょうか。花が咲くためには、〝冬の寒さ〟の通過を確認して越冬芽が目覚め、〝春の暖かさ〟に反応して花を咲かせるという、〝二段階のしくみ〟が影響しているのです。

ソメイヨシノは、冬のきびしい寒さを自分のからだで感じたあとに暖かさを感じると、「春が来た」と思い、花を咲かせるという用心深い性質を身につけています。ですから、冬にきびしい寒さを感じていなければ、春の暖かさを感じても花咲くのが遅れるのです。

東京都心のソメイヨシノが日本一早く開花する現象は、東京都心の春の気温が九州や四国の暖かい地域より高いからではありません。九州や四国の暖かい地域で、冬の気温が高く暖かいことが原因です。九州や四国の暖かい地域では、ソメイヨシノは、冬の気温が高いために、〝目覚め〟がよくなく、春の暖かさに敏感に反応せず、開花が遅れるのです。

それに対し、東京都心の冬の寒さはきびしいので、ソメイヨシノが春の暖かさに敏感に反応して早く開花するのです。「サクラは、冬の寒さがきびしいほど、春の〝目覚め〟がよい」といわれる現象です。

北海道のサクラの思いとは？

「サクラは、冬の寒さがきびしいほど、春の目覚めがよい」といわれます。しかし、「目覚めがよい」という現象は、硬く閉ざされた芽をどんなに注意深く観察したとしても、わかりません。「具体的に、どのようにすればわかるのか」という疑問があるかもしれません。

「冬にきびしい寒さを感じるほど、春の暖かさに敏感に反応して開花する」という性質は、実験をすれば確かめることができます。たとえば、二月の中旬に、暖かい鹿児島県の奄美大島と、寒い北海道の札幌市からソメイヨシノの枝を切ってきます。そして、同じ暖かさの温度の場所に置き、どちらが早く開花するかを比べます。

すると、札幌市のソメイヨシノが先に開花します。この実験では、同じ暖かさのもとで開花させているのですから、札幌市のソメイヨシノが奄美大島のものより、「よく目覚めている」といえます。

二月中旬までに、札幌市のソメイヨシノのほうがきびしい寒さを受けているので、きびしい寒さを受けていない奄美大島のものより、よく目覚めているのです。そのため、同じ温度に反応しても早く咲くのです。

逆に、冬が暖かい奄美大島のソメイヨシノは、きびしい寒さを受けていないので、「目覚めがよくない」ということです。このため、「暖冬化が進めば、四国や九州の暖かい地方では、きびしい寒さの期間が短くなり、サクラの花が咲かなくなるのではないか」と心配されることがあります。

このように、「目覚めているかいないか」は、暖かい温度のもとで、開花させてみればわかるのです。

〝サクラ　サク〟に込められた思いとは？

紹介してきたように、春に花を咲かせるサクラは、一年がかりで準備してきます。前の年の夏にツボミをつくり、秋に夜の長さをはかって寒さの訪れを予期して越冬芽にツボミを包み込み、冬のきびしい寒さの中でアブシシン酸を分解しているのです。そして、春、暖かくなると、ジベレリンという物質をつくり、ツボミを大きくして花咲くのです。

サクラは、春にもてはやされますが、そのはなやかな開花の陰《かげ》には、一年がかりの周到な準備と努力があるのです。だからこそ、苦労が報いられ、何かが成し遂げられると、〝ひと花咲かせた〟という語が使われるのです。

ひと昔前、入学試験の合格を知らせる電報文は、「サクラ　サク」でした。この短い言葉には、花を咲かせるサクラの努力と同じように、「合格するための努力が実りましたよ」という意味が込められているはずです。サクラの開花が一年がかりの努力の賜物《たまもの》であることを考えると、「サクラ サク」というのは、的を射た、ぴったりの表現です。

それに対して、不幸にも合格しなかった場合には、「サクラ チル」が使われていました。この言葉に、「花が咲いてもいないのに、散るはずがない」と考えるのは、理屈っぽすぎるかもしれません。

でも、不合格には、「サクラ サカズ」のほうが、素直でふさわしい電文と思われます。また、希望を抱かせるとしたら、「ツボミ カタシ」となるでしょうか。

〝はなやかさ〟に込められた思いとは？

私たちにとっても、〝ひと花咲かせる〟ことは容易ではありませんが、サクラにとっても、花咲くことは容易ではないのです。紹介してきたように、春に、サクラが〝ひと花咲かせる〟ために、巧みなしくみを駆使《くし》して、準備や努力をしていることを知れば、生涯の途上で〝ひと花咲かせる〟ことを目指す私たちは、勇気づけられ、励まされるはずです。

しかし、ソメイヨシノは、〝ひと花咲かせる〟だけではありません。その開花は、多くの植物たちと比べて、ひときわ〝はなやかさ〟が目立ちます。だからこそ、このサクラは、多くの人々に愛でられ、もてはやされ、私たちの気持ちを明るく高揚してくれるのです。

「なぜ、花見をするのは、サクラだけなのですか」という疑問があります。これには、歴史的な経緯があるのでしょうが、私たちが、春に花見をするのに、そのような歴史を意識することはありません。一言でいえば、語弊があるかもしれませんが、サクラの開花が〝はなやか〟だからです。

「なぜ、ソメイヨシノの開花は、それほどまでに、ひときわ〝はなやか〟なのか」という不思議があります。このサクラには、〝はなやかさ〟を支える、三つの性質が隠されています。

一つ目は、葉っぱが出るより先に、花が咲くことです。ソメイヨシノでは、春に、花は葉っぱが出るより前に咲くので、まるで、枯れ木に花が咲いたようになります。もし花が咲くときに、葉っぱが茂っていると、花は目立たず、花の〝はなやかさ〟は半減します。

ソメイヨシノにとって、これは大切な性質です。多くの植物たちが美しくきれいな花を咲かせる理由は、花粉を運んでもらうために、虫や小鳥に「目立つため」です。葉っぱが出る前に花が咲くと、葉っぱが一枚もないのですから、咲いた花は虫や小鳥に目立ちます。

虫や小鳥は、「枯れ木に、花が咲いた」と、びっくりしているかもしれません。

二つ目は、花がいっせいに咲くことです。しかも、咲くときには、同じ地域や場所に育っている株の花がいっせいに咲きます。ソメイヨシノは「春の花」の代表のようにいわれますが、春の間、長く咲いているわけではありません。春に咲くというよりは、月日を限定して咲く花です。

「世の中は 三日見ぬ間の 桜かな」と詠われます。この歌は、「三日間気づかずにいたら、満開状態のサクラの花がいっせいにあっという間に散ってしまった」という意味です。だから、世の中の移り変わりの激しさを象徴するのに使われます。

しかし、もともとは、この歌は「世の中は 三日見ぬ間に 桜かな」であり、「三日間気づかずにいたら、サクラの花がいっせいに咲きはじめて、咲きそろっていた」という意味であるといわれます。

つまり、ソメイヨシノの花は、同じ地方では、すべての株が月日を定めて、いっせいに咲くのです。これが、サクラの開花が〝はなやか〟である、一つの大切な理由です。では、「なぜ、ソメイヨシノは、すべての株がいっせいに花咲き、いっせいに散るのか」との疑問が浮上します。

それは、ソメイヨシノの木の増え方が原因です。このサクラは、タネで増やされたのではなく、一本の木をもとに接《つ》ぎ木で増やされたのです。接ぎ木は、近縁の植物の枝や茎や幹に割れ目を入れて、増やしたい植物の枝や茎や幹をそこに挿《さ》し込んで癒着《ゆちゃく》させ、二本の植物を一本につなげてしまう技術です。

ソメイヨシノは私たちを楽しませてくれる

接ぎ木で増やすと、まったく同じ遺伝子をもった、同じ性質の木を何本もつくることができます。ソメイヨシノは、接ぎ木で増やされてきました。日本全国のいたるところに、ソメイヨシノの木が何万本、何十万本あっても、これらすべての木は、一本の木をもとに接ぎ木で増やされたものです。そのため、ソメイヨシノは、すべての木がまったく同じ性質なのです。

まったく同じ性質ですから、同じ地域では、同じように気温に反応して、花が咲くときはいっしょで、いっせいに咲きます。散るときもいっしょで、いっせいに散るのです。

三つ目は、花の個数が、中途半端な数ではないことです。

花がいっせいに咲くことに加えて、ソメイヨシノの開花が〝はなやか〟なのは、花が咲くときの花の個数です。

機会があれば、大きなソメイヨシノの木が満開で花を咲かしているとき、花の個数を数えてみてください。一本の木に咲いている花の個数が一〇万個を超えることは、めずらしくありません。

多くの植物たちが、準備と努力を重ね、知恵を絞って、ひと花咲かせます。ここでは、サクラが〝ひと花咲かせる〟ためにしている一年がかりの準備と努力について紹介しました。そして、ソメイヨシノは、秘策を凝らして、自分たちの魅力を究極に高めて、虫や小鳥のために目立つだけでなく、私たちを楽しませてくれます。その演出のすばらしさが、私たちをお花見に誘《いざな》ってくれるのです。

サクラは、〝ひと花咲かせる〟ための準備や努力をさりげなく重ね、花咲くときの〝はなやかさ〟に、工夫を秘めて、咲いているのです。私たちは、そのような植物の生き方に感心すると同時に、そのような生き方から学ぶことも多くあると思います。

（二）「日本人の心の花」は？

ウメ、サクラ、キクが歩んだ歴史は？

「花」といえば、何の花を指すかは、人それぞれで違います。チューリップやタンポポを思い浮かべる人もあれば、サクラを思う人などいろいろでしょう。しかし、時代にもよりますが、日本では、ウメ、サクラ、キクを指す場合が多いのです。

「花」といえば、奈良時代には、「ウメ」を指していたといわれます。その根拠は、奈良時代に編纂《へんさん》された『万葉集』（八世紀後半）に詠まれた歌の数です。『万葉集』は二〇巻からなり、約四五〇〇首の歌が納められているのですが、その内の約一五〇〇首に植物が詠み込まれています。

植物の種類では、約一六六種類の植物が登場します。それらの植物たちの中で、ハギ、ウメ、マツ、タチバナ、アシ、スゲ、ススキ、サクラ、ヤナギ、チガヤなどが、多く詠まれています。

その中でも、「サクラとウメでは、どちらが多く詠まれているか」について、興味がもたれます。『万葉集』に詠まれている数は、ウメが一一八首（一一九首との説もある）で、サクラが四〇首です。ウメが、サクラより、多く詠まれているので、奈良時代には、ウメのほうが、人気があったと考えられます。

ところが、平安時代に編纂された『古今和歌集』（九〇五年）では、ウメとサクラの立場が逆転します。この歌集には、約一一〇〇首の和歌が収録されていますが、そのうち、ウメを詠んだ歌は約二〇首（二八首との説もある）であったのに対し、サクラを詠んだものは約一〇〇首（六一首との説もある）もあります。

これは、サクラが人気になったことを意味し、「平安時代初期を過ぎると、花といえば、『サクラ』を指す」といわれます。「『花』といえば、奈良時代には、『ウメ』を指していたが、平安時代には、『サクラ』を指すようになった」といわれる根拠となっているのです。

一方、キクは、奈良時代につくられた『万葉集』には、多くの種類の植物が詠まれているにもかかわらず、ウメやサクラのようには詠まれていません。「キクを詠んだ歌は、一つも含まれていない」といわれたり、「日本在来のノジギクが一首あるだけ」といわれたりします。

それもそのはずで、キクが原産地の中国から日本に入ってくるのは、奈良時代の終わりなのです。そのため、奈良時代に編纂された『万葉集』には、キクが詠まれた歌があるはずはないのです。

平安時代に編纂された『古今和歌集』では、歌に詠まれた植物は、多い順に、サクラ、モミジ、ウメ、オミナエシ、ハギ、マツであり、これに続いて、キクが詠まれています。キクは、平安時代から、私たちの身近な存在となりはじめたのです。

そのあと、キクは、鎌倉時代に、後鳥羽上皇にたいへん気に入られ、刀や衣服に紋章として使われました。それに続いて後深草《ふかくさ》天皇、亀山天皇らに、キクは好んで重用されました。

そして、江戸時代に、品種改良が進み、多種多様のものが栽培されはじめ、多くの日本人の心の花となったのです。そして、明治二年の太政官令によって、「十六弁八重表菊」が天皇家の紋章として正式に定められたのです。

日本では、国を象徴する植物として、「国花」は定められていません。でも、国の花が決められている国は多くあります。たとえば、チューリップは、原産地である西アジアのイラン、アフガニスタン、トルコの「国花」とされています。また、この植物の栽培が盛んな国であるオランダ、ハンガリー、ベルギーの国花にもなっています。中国の国花は「ボタン」、台湾の国花は「ウメ」、韓国の国花は「ムクゲ」などと決まっています。

もし日本の国花が決まるとすれば、ウメ、サクラは、キクとともに、有力な候補でしょう。国花を決める国民投票でも行われたら、私たちは、「ウメとサクラとキクのどれに投票しようか」と心を痛めるでしょう。

日本を代表する〝二大花木〟の心は？

ウメとサクラは、日本を代表する〝二大花木〟とよばれます。そこで、「なぜ、この二つが、〝二大花木〟なのか」という不思議が生まれます。ウメとサクラには、日本の二大花木と評価されるにふさわしい共通点がいくつかあります。

一つ目は、ウメもサクラも、ともに、〝名所〟といわれる場所があることです。日本全国のそれぞれの地域に、この二つの植物の名所があります。各地で、開花の知らせが飛び交います。

二つ目は、ウメもサクラも、ともに、都道府県の木や花に選ばれていることです。ウメは、和歌山県、福岡県、茨城県、大分県では、「県の花」に選ばれ、大阪府の「府の花」

防府天満宮の神紋はウメ

にも定められています。ソメイヨシノは東京都の花、フジザクラは山梨県の花、シダレザクラは京都府の花、ナラヤエザクラは奈良県の花、ヤマザクラは宮崎県の木です。

三つ目は、ウメもサクラも、その名前が多くの植物の名前に使われていることです。ウメなら、シャリンバイ（車輪梅）、ユスラウメ（山桜桃梅、あるいは、梅花）、キンシバイ（金糸梅）、ロウバイ（蠟梅）、バイカモ（梅花藻）など、花の形がウメに似ているいくつかの植物の名前に使われています。

サクラなら、オウトウ（桜桃）のセイヨウミザクラ（西洋実桜）、サクラソウ（桜草）、コスモス（秋桜）、シバザクラ（芝桜）などは、花の印象が似ています。

四つ目は、ウメもサクラも、家紋、神紋として使われることです。たとえば、ウメの花は、この花をこよなく愛した平安時代の貴族であり学者であった、菅原道真を祀る天満宮の神紋に使われます。

サクラの花は、京都市北区の平野地域にある平安時代に建立された平野神社の神紋で、よく知られています。奈良県吉野郡にある吉野神宮や、神戸市の街中にあって「生田《いくた》の森」とよばれる生田神社の神紋にも使われています。

ウメとサクラは、これらの共通点を超えて、それぞれに自慢できるようなものがあります。ウメには、サクラがうらやましく思うような、馥郁《ふくいく》と形容されるような花の香りがあり、果実がなります。だから、ウメは、「サクラより、日本の国花にふさわしい」と思っているかもしれません。一方、サクラには、ウメがうらやむようなことが、主に、五つもあります。

平野神社の神紋はサクラ

一つ目は、サクラが色の名前に使われることです。「サクラ色」といえば、サクラの花のようにほんのりと赤みを帯びた色を指します。それに対し、「ウメ色」というのは、いわれません。

二つ目は、葉っぱの香りです。サクラの葉っぱからは、おいしい香りが発散します。塩漬けにした葉っぱからは、桜餅の香りである「クマリン」という物質の香りが、漂ってきます。ウメの葉っぱには、香りはほとんどありません。

「サクラも、緑の葉っぱからは香ってこない」と思われるかもしれませんが、緑の葉っぱを傷つけてしばらくすると、香ってきます。

三つ目は、赤ちゃんにつけられる名前です。その年に生まれた赤ちゃんにつけられる名前の人気ランキングが、毎年、いくつかの企業から発表されます。それによると、サクラという名前はランキングの上位にあります。「さくら」「咲良《さくら》」「美桜《みお》」などで、サクラの名前や「桜」という文字は、女の子の名前として、人気なのです。

四つ目は、サクラが童謡や唱歌に歌われることです。曲名は「さくら」であるとか「さくらさくら」であるとかいわれますが、「さくら さくら やよいの空は」などと歌われます。また、「春のうららの隅田川」ではじまる、滝廉太郎《たきれんたろう》の「花」にも、「われにもの言う桜木を」とサクラは歌われています。

ウメにも、明治時代から昭和の時代にかけて文部省（現在の文部科学省）の編纂した教科書に掲載された歌が文部省唱歌といわれ、この中に「梅に鶯《うぐいす》」というのがあります。でも、多くの人は、この童謡を歌うこともないし、耳にすることもありません。

五つ目は、サクラには、「サクラの日」があることです。これは、「サクラ咲く日」の語呂あわせで、「サ（三）クラ咲（三）く（九）」となり、三月三九日です。でも、このような日はないので、ひと工夫が凝らされています。

三九日の三と九をかけあわせると、「二七」となるので、三九日を二七日に変えたのです。ですから、「サクラの日」は「三月二七日」です。「ウメの日」というのは、限られた地域の中で知られているものがありますが、「サクラの日」ほどの知名度はありません。

こんなにウメがうらやむことがあるのだから、サクラは、「ウメより、日本の国花にふさわしい」と思っているかもしれません。

おわりに

本書では、身近な植物たちの工夫に満ちた生き方と、それを支える巧みな性質やしくみなどを紹介してきました。そして、それらの性質やしくみについて、植物たちが、「身につけてきました」とか「選ばれてきました」、「心得ている」などのように、植物たちの思いから生まれたように表現をしたものもあります。

しかし、植物たちがもっている性質やしくみなどは、植物たちの身につけたいという思いから生まれたものではなく、植物たちが選んできたものでもなく、心得ようとして心得てきたものではありません。

〝偶然〟といえば語弊があるかもしれませんが、進化の過程で突然変異が起こり、生み出されたものです。しかし、偶然に生まれたものであっても、それらは、植物たちが生きている環境で有利にはたらくものであれば、次の世代に受け継がれます。

それらが受け継がれる一方で、また、新しい性質やしくみが生まれました。それらが、積み重ねられて、現在、私たちの身近にある植物たちの生き方を支えているのです。

その生き方は、紹介してきたように、私たちの心に迫ってきます。ですから、私たちは、植物たちに心があるかのように感じます。そのため、「植物たちに心があると感じる」と表現することには、何の抵抗もありません。

でも、「植物たちに心はあるのか」と問われると、残念ながら、「植物たちに心はある」と断定的に答えることはできません。その理由の一つは、「心」という語句に込められている意味が人により様々であり、「心」の定義が定かではないからです。

たとえば、小さな子どもたちと、大人とでは、「植物たちに心はあるのか」との質問にある、「心」の意味にかなり隔《へだ》たりがあります。また、辞書などで定義される心は、「人間のもの」とはっきり書かれていることが多くあります。

たとえば、広辞苑には、「人間の精神作用の素になるもの、また、その作用」と記されています。さらに、「植物には、心臓もなく、神経もなく、脳もないために、心が生まれるはずはない」という考え方もあります。

「植物たちに心はある」と断定的に答えることができない、もう一つの理由は、問われる局面がさまざまであることです。たとえば、小さな子どもが、タネをまき、毎日、水やりをして、楽しみにしていた芽が出てきた状況で、「植物たちに心はある」と言われれば、「ない」と否定する必要もないでしょう。

また、大人であっても、丹精を込めて世話をした植物が成長し花を咲かせる姿を前にして、「植物たちに心はある」と言われれば、同意せざるを得ない場合もあります。

しかし、植物のからだが構造的に、根、茎、葉、芽などで成り立っていると知っている人に、「植物たちに心はある」と言うと、「どこに心があるのか」と問い返され、答えに窮《きゅう》します。また、植物が示す反応や現象のしくみを説明するときに、植物の心を持ち出すことはできません。

では、「なぜ、『ある』と断定的に言えない、植物の心を感じることはできるのか」という疑問が生じます。本書の中でも、植物の心を感じてもらえたと思います。一つの理由は、植物たちの心を感じるだけなら、その「心」という語にはむずかしい定義は必要がなく、局面にかかわらず、誰もが感じることができるからです。

でも、もう一つ、私たちが、植物たちの心を感じる大きな理由があります。それは、「私たち人間は、植物たちの大きな心の中に包み込まれて生きているから」だと思います。

植物たちは、地球の陸上に暮らしはじめて、約四億七〇〇〇万年を生き抜いてきていま
す。その長い歴史の中で、身につけた性質やしくみを使って、環境に適応し、自分たちの
世界を形づくってきました。現在の植物たちの世界は、約四億七〇〇〇万年もの長い年数
をかけて築き上げられてきたものなのです。

それに対し、人類が生まれてきたのは、七〇〇〇万年前や二〇〇〇万年前といわれ、定かで
はありません。「ホモ・サピエンス」とよばれる、私たち現生人類は、生まれてから、ま
だ二〇万～三〇万年しか経っていません。

私たちは、植物たちが長い歴史をかけて築いてきた世界の中に、ごく最近生まれてきた
といっても言いすぎではないでしょう。そのため、私たちは、植物たちが築いた世界の中
で、植物たちに深く依存して生きているのです。

植物たちは、私たちのすべての食べものをつくって、食糧を賄ってくれています。主食
となる植物たちが空腹を満たしてくれるだけでなく、野菜や果物たちは健康を支え守って
くれています。

植物たちは、私たちが使う主なエネルギーも供給してくれています。石炭や石油などの
化石燃料は、大昔の植物たちに由来するものです。新しいバイオ燃料も、植物たちの産物

に依存しています。

私たちの生活のための素材も、植物たちが提供してくれています。私たちの人間らしい活動といえる、絵画や俳句、短歌、生け花や茶道などの文化の領域でも、植物たちは欠かせないものになっています。また、冠婚葬祭などの行事やイベントでも、大切な役割を果たしてくれます。

そのように考えると、私たちは、植物たちが築いてきた世界の中に、植物たちのお世話になりながら、住まわせてもらっていることになります。そのため、私たちは、植物たちなしには生きていけないのです。

私たちは、「植物たちと共存・共生している」と表現することがあります。たしかに、私たちは、植物たちと共存・共生しなければ生きていけません。しかし、植物たちは、私たち人間がいなくても、痛くも痒《かゆ》くもなく、生きていくでしょう。

私たちは、植物たちの大きな心に包み込まれ、守られて生きているのです。その恩恵を思うと、植物たちの大きく優しい心を、いつでも、どこでも、感じざるを得ないはずです。これからも、植物たちの心を感じ、感謝しつつ、植物たちと共に生きていかねばなりません。

「植物たちと共に生きる」というのは、私たち人間がいなくても生きていける植物たちに対して、おこがましいような表現かもしれません。でも、私たちは、植物たちと共存・共生をしていかなければなりません。そうすれば、ともに栄える〝共栄の世界〟を築けるはずです。本書が、その一助になることを望みます。

最後になりましたが、本書の企画から、内容の提案や執筆の励ましなどをくださった、SBクリエイティブ株式会社、学芸書籍編集部の北堅太様に、心からの謝意を表します。

参考文献

A.W.Galston「Life processes of plants」Scientific American Library　1994

P.F.Wareing & I.D.J.Phillips（古谷雅樹監訳）「植物の成長と分化」<上・下>学会出版センター　1983

瀧本敦「ヒマワリはなぜ東を向くか」中公新書　1986

田中修「緑のつぶやき」青山社　1998

田中修「つぼみたちの生涯」中公新書　2000

田中修「ふしぎの植物学」中公新書　2003

田中修「クイズ植物入門」ブルーバックス　2005

田中修「入門 たのしい植物学」ブルーバックス　2007

田中修「雑草のはなし」中公新書　2007

田中修「葉っぱのふしぎ」サイエンス・アイ新書　2008

田中修「都会の花と木」中公新書　2009

田中修「花のふしぎ100」サイエンス・アイ新書　2009

田中修「植物はすごい」中公新書　2012

田中修「タネのふしぎ」サイエンス・アイ新書　2012

田中修「フルーツひとつばなし」講談社現代新書　2013

田中修「植物のあっぱれな生き方」幻冬舎新書　2013

田中修「植物は命がけ」中公文庫　2014

田中修「植物は人類最強の相棒である」PHP新書　2014

田中修「植物の不思議なパワー」NHK出版　2015

田中修「植物はすごい 七不思議篇」中公新書　2015

田中修「植物学『超』入門」サイエンス・アイ新書　2016

田中修「ありがたい植物」幻冬舎新書　2016

田中修・高橋亘「知って納得！ 植物栽培のふしぎ」日刊工業新聞社　2017

田中修「植物のかしこい生き方」SB新書　2018

田中修「植物のひみつ」中公新書　2018

田中修「植物の生きる『しくみ』にまつわる66題」サイエンス・アイ新書　2019

田中修「植物はおいしい」ちくま新書　2019

田中修「日本の花を愛おしむ」中央公論新社　2020

田中修「植物のすさまじい生存競争」SBビジュアル新書　2020

田中修・丹治邦和「植物はなぜ毒があるのか」幻冬舎新書　2020

田中修・丹治邦和「かぐわしき植物たちの秘密」山と渓谷社　2021

田中修「植物のいのち」中公新書　2021

田中修「植物 ないしょの超能力」小学館　2021

田中修「誰かに話したくなる 植物たちの秘密」だいわ文庫　2023

著者略歴

田中 修（たなか・おさむ）

1947年京都生まれ。農学博士、植物学者。専門は植物生理学。京都大学農学部卒業、同大学院博士課程修了。スミソニアン研究所博士研究員、甲南大学理工学部教授等を経て、現在、同大学名誉教授。『植物はすごい』『植物のいのち』（中公新書）、『植物のあっぱれな生き方』（幻冬舎新書）、『葉っぱのふしぎ』『植物学「超」入門』（サイエンス・アイ新書）、『植物のかしこい生き方』（SB新書）、『植物はおいしい』（ちくま新書）など著書多数。NHKラジオ番組「子ども科学電話相談」でも活躍。

SB新書　688

植物《しょくぶつ》たちに心《こころ》はあるのか

2025年4月15日　初版第1刷発行

著　者　田《た》中《なか》 修《おさむ》
発行者　出井貴完
発行所　SBクリエイティブ株式会社
〒105-0001　東京都港区虎ノ門2-2-1
装　丁　杉山健太郎
本文デザイン DTP　株式会社ローヤル企画
校　正　有限会社あかえんぴつ
編　集　北 堅太
印刷・製本　中央精版印刷株式会社

本書をお読みになったご意見・ご感想を下記URL、
または左記QRコードよりお寄せください。
https://isbn2.sbcr.jp/28819/

落丁本、乱丁本は小社営業部にてお取り替えいたします。定価はカバーに記載されております。
本書の内容に関するご質問等は、小社学芸書籍編集部まで必ず書面にて
ご連絡いただきますようお願いいたします。

ISBN　978-4-8156-2881-9